ゼロからはじめる

XPERIA 10 VI

エクスペリア テン マークシックス

Xperia 10 VI SO-52E

◉ スマートガイド

JN208496

技術評論社

CONTENTS

Chapter 1
Xperia 10 VI SO-52E のキホン

Chapter 2
電話機能を使う

CONTENTS

Chapter 5
ドコモのサービスを利用する

Chapter 6
音楽や写真・動画を楽しむ

Chapter 7
Xperia 10 VI を使いこなす

ご注意：ご購入・ご利用の前に必ずお読みください

●本書に記載した内容は、情報の提供のみを目的としています。したがって、本書を用いた運用は、必ずお客様自身の責任と判断によって行ってください。これらの情報の運用の結果について、技術評論社および著者、アプリの開発者はいかなる責任も負いません。

●ソフトウェアに関する記述は、特に断りのない限り、2024年8月末現在での最新バージョンをもとにしています。ソフトウェアはバージョンアップされる場合があり、本書での説明とは機能内容や画面図などが異なってしまうこともあり得ます。あらかじめご了承ください。

●本書は以下の環境で動作を確認しています。ご利用時には、一部内容が異なることがあります。あらかじめご了承ください。
端末 ： Xperia 10 VI SO-52E（Android 14）
パソコンのOS ： Windows 11

●インターネットの情報については、URLや画面などが変更されている可能性があります。ご注意ください。

以上の注意事項をご承諾いただいたうえで、本書をご利用願います。これらの注意事項をお読みいただかずに、お問い合わせいただいても、技術評論社は対処しかねます。あらかじめ、ご承知おきください。

Xperia 10 VI
SO-52Eのキホン

Xperia 10 VI SO-52Eについて

OS・Hardware

Xperia 10 VI SO-52E（以降はXperia 10 VIと表記）は、ドコモから発売されたソニー製のスマートフォンです。Googleが提供するスマートフォン向けOS「Android」を搭載しています。

各部名称を覚える

表面

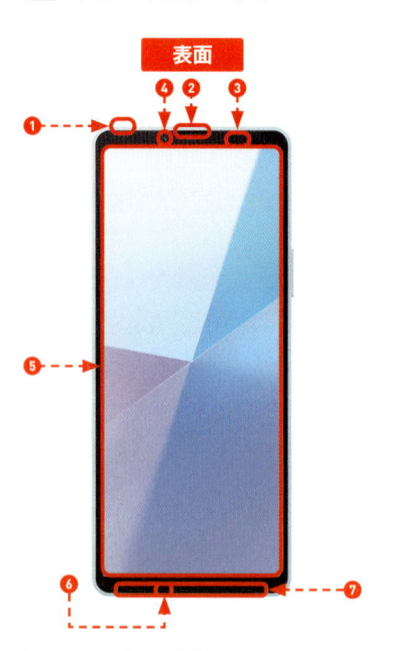

裏面

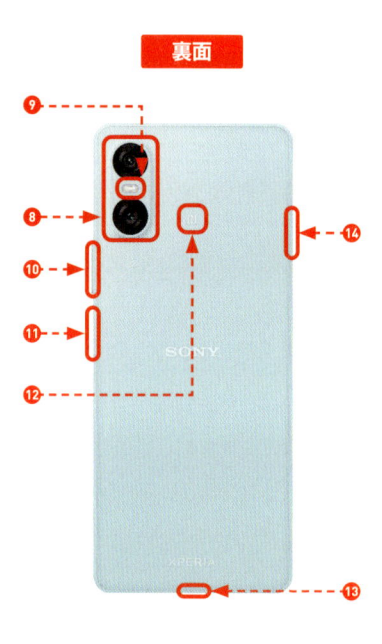

❶	ヘッドセット接続端子	❽	メインカメラ
❷	受話口／スピーカー	❾	フラッシュ／フォトライト
❸	近接／照度センサー	❿	音量キー／ズームキー
❹	フロントカメラ	⓫	電源キー／指紋センサー
❺	ディスプレイ（タッチスクリーン）	⓬	Ⓝ（NFC）マーク
❻	送話口／マイク	⓭	USB Type-C接続端子
❼	スピーカー	⓮	nanoSIMカード／microSDカード挿入口

Xperia 10 VIの特徴

Xperia 10 VIは、Android 14を搭載したスマートフォンです。コンパクトサイズながらもフレームいっぱいに広がるディスプレイが特徴で、指紋認証やおサイフケータイなど、必要な機能を十分に備えています。また、高性能の明るいレンズを搭載し、シーンに合わせた最適な設定で写真を撮影することができます。もちろん、従来の携帯電話のように通話やメール、インターネットも利用できます。

コンパクトサイズにもかかわらず大きな画面を搭載。Webページや地図なども見やすく表示できます。

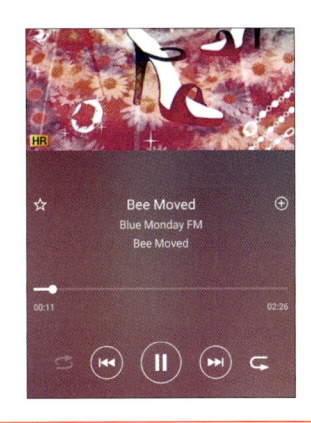

3.5mmオーディオジャックを搭載しているので、お手持ちのヘッドフォンをそのまま使用できます。

高性能のレンズを搭載し、シーンに応じた最適な設定で写真を撮影することができます。

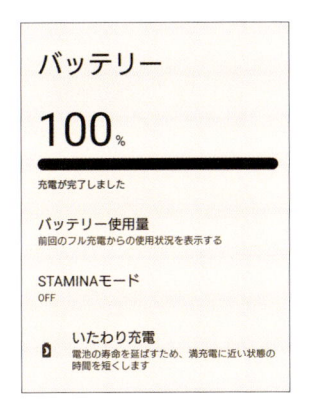

5,000mAhの大容量バッテリーを搭載し、独自の充電最適化技術により劣化しにくくなっています。

電源のオン・オフと
ロックの解除

電源の状態には、オン、オフ、スリープモードの3種類があります。
3つのモードは、すべて電源キーで切り替えが可能です。一定時間
操作しないと、自動でスリープモードに移行します。

OS・Hardware

ロックを解除する

① スリープモードで電源キーを押します。

押す

② ロック画面が表示されるので、画面を上方向にスワイプ（P.13参照）します。

16:04
7月19日金曜日
スワイプする

③ ロックが解除され、ホーム画面が表示されます。再度、電源キーを押すと、スリープモードになります。

dポイント　d払い　My docomo　フォト　カメラ
dメニュー　dマーケット　dcard　Play ストア　Google

MEMO　スリープモードとは

スリープモードは、画面の表示が消えている状態です。バッテリーの消費をある程度抑えることはできますが、通信などは行われており、スリープモードを解除すると、すぐに操作を再開することができます。また、操作をしないと一定時間後に自動的にスリープモードに移行します。

電源を切る

1 電源が入っている状態で、電源キーと音量キーの上を同時に押します。

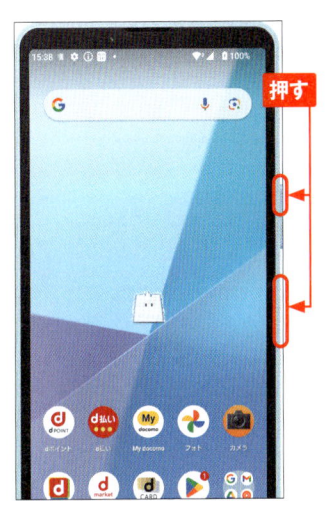

押す

2 [電源を切る]をタップ（P.13参照）すると、完全に電源がオフになります。

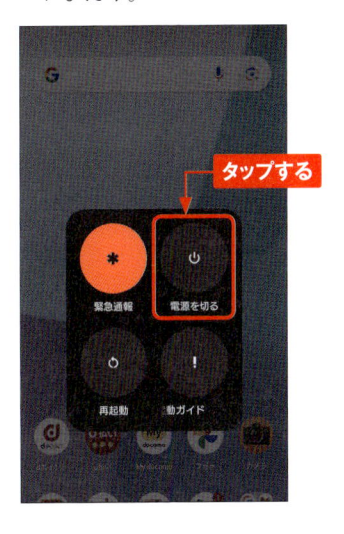

タップする

3 電源をオンにするには、電源キーをXperia 10 VIが振動するまで押します。

Xperia 10 VIが
振動するまで押す

MEMO ロック画面からの カメラの起動

ロック画面から直接カメラを起動するには、ロック画面で◯をロングタッチ（P.13参照）します。

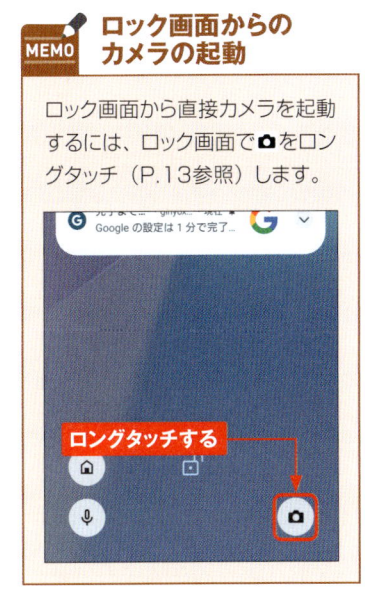

ロングタッチする

OS・Hardware

基本操作を覚える

Xperia 10 VIのディスプレイはタッチスクリーンです。指でディスプレイをタップすることで、いろいろな操作が行えます。また、本体下部にある3種類のキーアイコンの使い方も覚えましょう。

1

■ キーアイコンの操作

戻る　　ホーム　　履歴

MEMO キーアイコンとオプションメニューアイコン

本体下部にある3つのアイコンをキーアイコンといいます。キーアイコンは、基本的にすべてのアプリで共通する操作が行えます。また、一部の画面ではキーアイコンの右側か画面右上にオプションメニューアイコン⋮が表示されます。オプションメニューアイコンをタップすると、アプリごとに固有のメニューが表示されます。

キーアイコンとその主な機能		
◀	戻る	タップすると直前に操作していた画面に戻ります。メニューや通知パネルなどを閉じることもできます。
●	ホーム	タップするとホーム画面が表示されます。ロングタッチするとGoogleアシスタントが利用できます（P.108参照）。
■	履歴	ホーム画面やアプリを使用中にタップすると、タスクマネージャが起動し、最近使用したアプリがサムネイルで一覧表示されます（P.19参照）。

タッチスクリーンの操作

タップ／ダブルタップ

タッチスクリーンに軽く触れてすぐに指を離すことを「タップ」、同操作を2回くり返すことを「ダブルタップ」といいます。

ロングタッチ

アイコンやメニューなどに長く触れた状態を保つことを「ロングタッチ」といいます。

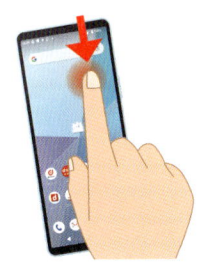

ピンチ

2本の指をタッチスクリーンに触れたまま指を開くことを「ピンチアウト」、閉じることを「ピンチイン」といいます。

スクロール（スライド）

文字や画像を画面内に表示しきれない場合など、タッチスクリーンに軽く触れたまま特定の方向へなぞることを「スクロール」または「スライド」といいます。

スワイプ（フリック）

タッチスクリーン上を指ではらうように操作することを「スワイプ」または「フリック」といいます。

ドラッグ

アイコンやバーに触れたまま、特定の位置までなぞって指を離すことを「ドラッグ」といいます。

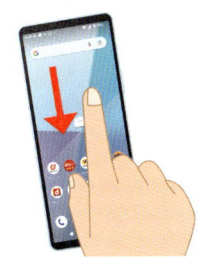

ホーム画面の使い方を覚える

タッチスクリーンの基本的な操作方法を理解したら、ホーム画面の見方や使い方を覚えましょう。本書ではホームアプリを「docomo LIVE UX」に設定した状態で解説を行っています。

OS・Hardware

ホーム画面の見方

ステータスバー
ステータスアイコンや通知アイコンが表示されます（P.16～17参照）。

アプリアイコン
「dメニュー」などのアプリのアイコンが表示されます。

ドック
ホーム画面のページを切り替えても常に同じものが表示されます。

アプリ一覧ボタン
すべてのアプリを表示します。

SmartNews for docomo
ドコモユーザー向けのニュースアプリ「SmartNews for docomo」を利用することができます（P.122～123参照）。

ウィジェット
アプリが取得した情報を表示したり、設定のオン／オフを切り替えたりすることができます（P.20参照）。

マチキャラ
さまざまな問いかけに対話で答えてくれるサービスです。使用しない場合は非表示にできます（次ページMEMO参照）。

フォルダ
アプリアイコンを1箇所にまとめることができます。

インジケーター
現在見ているホーム画面の位置を示します。左右にスワイプ（フリック）したときに表示されます。

14

ホーム画面のページを切り替える

1 ホーム画面は、左右にスワイプ（フリック）して切り替えることができます。まずは、ホーム画面を左方向にスワイプ（フリック）します。

スワイプする

2 右のページに切り替わります。

3 右方向にスワイプ（フリック）すると、もとのページに戻ります。

スワイプする

MEMO マチキャラを非表示にする

マチキャラを長押しして、「キャラ」メニューの「キャラ表示」をタップしてオフにすると、非表示にすることができます。なお以降の項目ではキャラ非表示で解説を進めています。

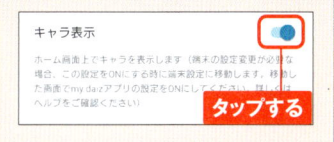

キャラ表示

ホーム画面上でキャラを表示します（端末の設定変更が必要な場合、この設定をONにする時に端末設定に移動します。移動した画面でmy daizアプリの設定をONにしてください）詳しくはヘルプをご確認ください）

タップする

OS・Hardware

通知を確認する

画面上部に表示されるステータスバーから、さまざまな情報を確認することができます。ここでは、表示される通知の確認方法や、通知を削除する方法を紹介します。

ステータスバーの見方

`16:34` 📞 ✓ 🏠 📶 • 📳 📶 ▲ 🔋100%

通知アイコン

不在着信や新着メール、実行中の作業などを通知するアイコンです。

ステータスアイコン

電波状態やWi-Fi接続、バッテリー残量など、主にXperia 10 VIの状態を表すアイコンです。

主な通知アイコン		主なステータスアイコン	
M	新着Gmailメールあり	🔕	マナーモード（ミュート）設定中
💬	新着＋メッセージあり	📳	マナーモード（バイブレーション）設定中
✉	新着ドコモメールあり	📶	Wi-Fi接続中および接続状態
📞	不在着信あり	📶	電波の状態
📟	留守番電話／伝言メモあり	🔋	バッテリー残量
•	非表示の通知あり	✳	Bluetooth接続中

16

通知を確認する

(1) メールや電話の通知、Xperia 10 VIの状態を確認したいときは、ステータスバーを下方向にドラッグします。

ドラッグする

(2) 通知パネルが表示されます。表示される通知の中から不在着信やメッセージの通知をタップすると、対応するアプリが起動します。通知パネルを上方向にドラッグすると、通知パネルが閉じます。

通知が表示される

通知パネルの見方

❶	クイック設定パネルの一部が表示されます（P.156参照）。
❷	通知やXperia 10 VIの状態が表示されます。左右にスワイプすると通知が消えます（消えない通知もあります）。
❸	通知によっては通知パネルから「かけ直す」などの操作が行えます。
❹	通知内容が表示しきれない場合にタップして閉じたり開いたりします。
❺	「サイレント」には音やバイブレーションが鳴らない通知が表示されます。
❻	タップすると通知の設定を変更することができます。
❼	タップするとすべての通知が消えます（消えない通知もあります）。

アプリを利用する

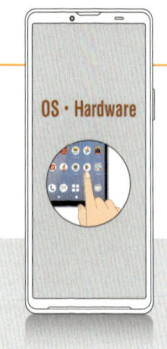

OS・Hardware

アプリ一覧画面には、さまざまなアプリのアイコンが表示されています。それぞれのアイコンをタップするとアプリが起動します。ここでは、アプリの終了方法や切り替え方法もあわせて覚えましょう。

アプリを起動する

① ホーム画面を表示し、[アプリ一覧ボタン] をタップします。

タップする

② アプリ一覧画面が表示されるので、画面を上下にスクロールし、任意のアプリを探してタップします。ここでは、[設定] をタップします。

❷ タップする
❶ スクロールする

③ 「設定」アプリが起動します。アプリの起動中に ◀ をタップすると、1つ前の画面（ここではアプリ一覧画面）に戻ります。

タップする

MEMO アプリのアクセス許可

アプリの初回起動時に、アクセス許可を求める画面が表示されることがあります。その際は [許可] をタップして進みます。許可しない場合、アプリが正しく機能しないことがあります。

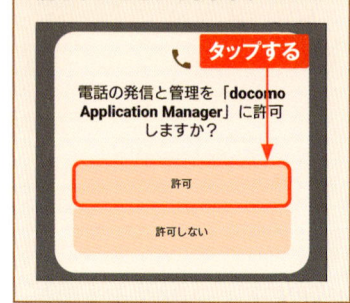

タップする

電話の発信と管理を「docomo Application Manager」に許可しますか？

許可

許可しない

アプリを終了する

(1) アプリの起動中やホーム画面で■をタップします。

タップする

(2) タスクマネージャが起動して最近使用したアプリが一覧表示されるので、左右にスワイプして、終了したいアプリを上方向にスワイプします。

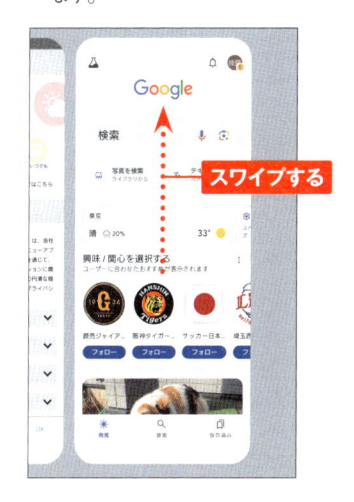

スワイプする

(3) スワイプしたアプリが終了します。すべてのアプリを終了したい場合は、画面下（または右端）の［すべてクリア］をタップします。

タップする

1

MEMO アプリの切り替え

手順②の画面で別のアプリをタップすると、画面がそのアプリに切り替わります。また、アプリのアイコンをタップすると、アプリ情報の表示やマルチウィンドウ表示への切り替えができます。

タップする

OS・Hardware

ウィジェットを利用する

Xperia 10 VIのホーム画面にはウィジェットが表示されています。ウィジェットを使うことで、情報の閲覧やアプリへのアクセスをホーム画面上からかんたんに行えます。

1 ウィジェットとは

ウィジェットとは、ホーム画面で動作する簡易的なアプリのことです。さまざまな情報を自動的に表示したり、タップすることでアプリにアクセスしたりできます。Xperia 10 VIに標準でインストールされているウィジェットもあり、Google Play（P.98参照）でダウンロードすると、さらに多くのウィジェットを利用できます。

アプリの簡易的な情報が表示されるウィジェットです。

アプリを直接操作できるウィジェットです。

ウィジェットを配置すると、ホーム画面でアプリの操作や設定の変更、ニュースやWebサービスの更新情報のチェックなどができます。

ウィジェットを追加する

1 ホーム画面の何もない箇所をロングタッチします。

2 ［ウィジェット］をタップします。初回は［OK］をタップします。

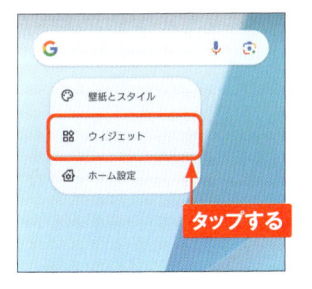

3 画面を上下にスライドし、∨ をタップします。ウィジェットの候補が表示されます。

4 追加したいウィジェットをロングタッチします。

5 指を離すと、ホーム画面にウィジェットが追加されます。

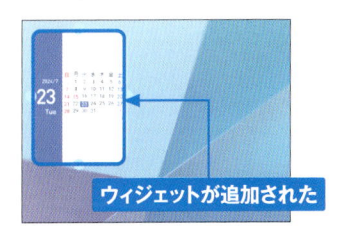

MEMO **ウィジェットの削除**

ウィジェットを削除するには、ウィジェットをロングタッチしたあと、画面上部の「削除」までドラッグします。

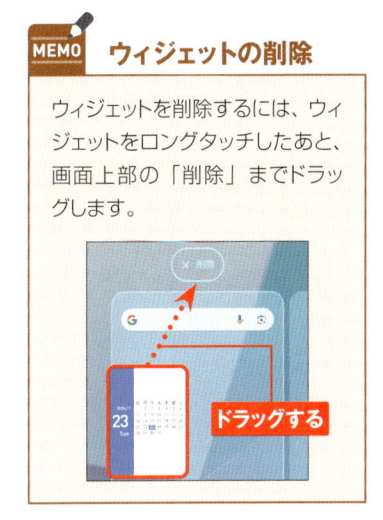

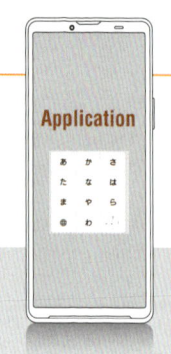

Application

文字を入力する

Xperia 10 VIでは、ソフトウェアキーボードで文字を入力します。「12キー」（一般的な携帯電話の入力方法）や「QWERTY」（パソコンと同じキー配列）などを切り替えて使用できます。

1 文字の入力方法

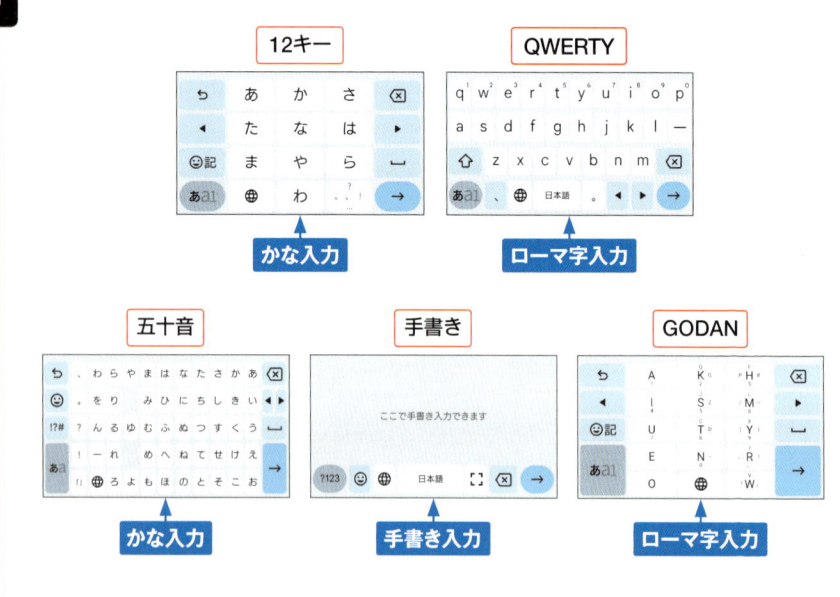

| 12キー | QWERTY |
| かな入力 | ローマ字入力 |

| 五十音 | 手書き | GODAN |
| かな入力 | 手書き入力 | ローマ字入力 |

MEMO 5種類の入力方法

Xperia 10 VIの入力方法には、携帯電話で一般的な「12キー」、パソコンと同じキー配列の「QWERTY」のほか、五十音配列の「五十音」、手書き入力の「手書き」、スマートフォンに特化したキー配置でローマ字入力を行う「GODAN」の5種類があります。なお、本書では「五十音」、「手書き」、「GODAN」については解説しません。

⬛ キーボードを使う準備をする

① 初めてキーボードを使う場合は「入力レイアウトの選択」画面が表示されます。[スキップ] をタップします。

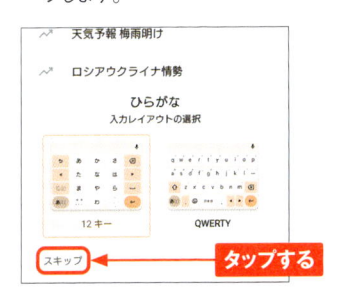

② 「12キー」のキーボードが表示されます。⚙をタップします。

③ [言語] → [キーボードを追加] → [日本語] の順にタップします。

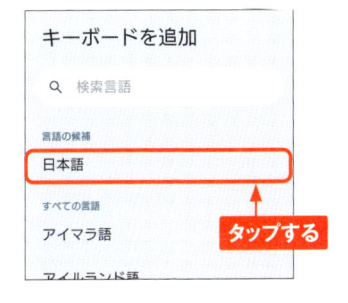

④ 追加したいキーボードを選択した状態で [完了] をタップします。

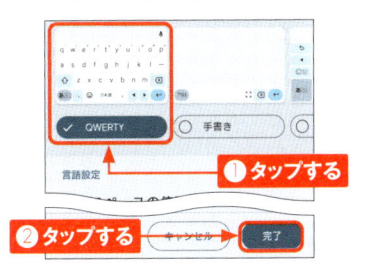

⑤ キーボードが追加されます。←を2回タップすると手順②の画面に戻ります。

> **MEMO キーボードの切り替え**
>
> キーボードを追加したあとは手順②の画面で ⋮⋮ が ⊕ になるので、⊕をロングタッチし、切り替えたいキーボードをタップすると、キーボードが切り替わります。
>
>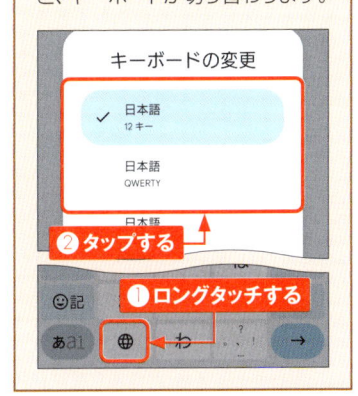

12キーで文字を入力する

●トグル入力を行う

(1) 12キーは、一般的な携帯電話と同じ要領で入力が可能です。たとえば、た を1回→か を1回→さ を2回タップすると、「たかし」と入力されます。

(2) 変換候補から選んでタップすると、変換が確定します。手順①で⌄をタップして、変換候補の欄をスクロールすると、さらにたくさんの候補を表示できます。

●フリック入力を行う

(1) 12キーでは、キーを上下左右にフリックすることでも文字を入力できます。キーをロングタッチするとガイドが表示されるので、入力したい文字の方向へフリックします。

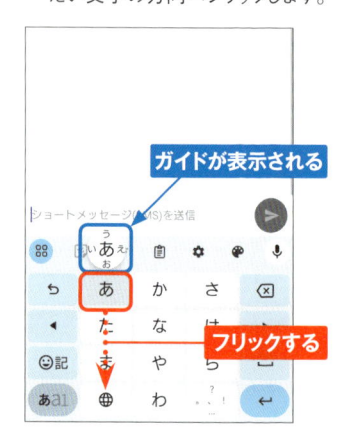

(2) フリックした方向の文字が入力されます。ここでは、あ を下方向にフリックしたので、「お」が入力されました。

QWERTYで文字を入力する

1 QWERTYでは、パソコンのローマ字入力と同じ要領で入力が可能です。たとえば、g → i の順にタップすると、「ぎ」と入力され、変換候補が表示されます。候補の中から変換したい単語をタップすると、変換が確定します。

2 文字を入力し、[日本語] もしくは [変換] をタップしても文字が変換されます。

3 希望の変換候補にならない場合は、◀ / ▶をタップして文節の位置を調節します。

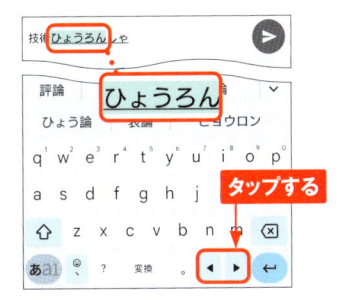

4 ←をタップすると、濃いハイライト表示の文字部分の変換が確定します。

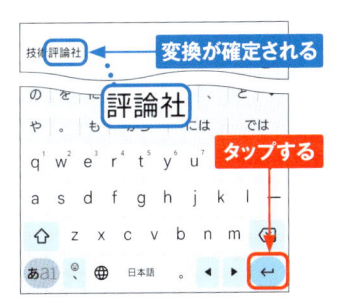

MEMO QWERTYでの ロングタッチ入力

QWERTYでは、1段目のキーをロングタッチすると、数字を入力することができます。

文字種を変更する

(1) あa1 をタップするごとに、「ひらが な漢字」→「英字」→「数字」 の順に文字種が切り替わります。 あa1 のときには、ひらがなや漢字 を入力できます。

(2) あa1 のときには、半角英字を入力 できます。 あa1 をタップします。

(3) あa1 のときには、半角数字を入力 できます。再度 あa1 をタップする と、「ひらがな漢字」入力に戻り ます。

MEMO 全角英数字の入力

［全］と書かれている変換候補を タップすると、全角の英数字で 入力されます。

26

絵文字や顔文字を入力する

① 絵文字や顔文字を入力したい場合は、☺記 をタップします。

タップする

② 「絵文字」の表示欄を上下にスクロールし、目的の絵文字をタップすると入力できます。

① スクロールする

② タップする

③ 顔文字を入力したい場合は、キーボード下部の:-)をタップします。あとは手順②と同様の方法で入力できます。記号を入力したい場合は、☆をタップします。

タップする

④ あいうをタップします。

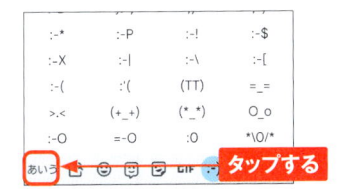

タップする

⑤ 通常の文字入力に戻ります。

テキストを
コピー&ペーストする

Application

Xperia 10 VIは、パソコンと同じように自由にテキストをコピー&ペーストできます。コピーしたテキストは、別のアプリにペースト（貼り付け）して利用することもできます。

テキストをコピーする

① コピーしたいテキストをロングタッチします。

② テキストが選択されます。●と●を左右にドラッグして、コピーする範囲を調整します。

③ ［コピー］をタップします。

④ テキストがコピーされました。

テキストをペーストする

① 入力欄で、テキストをペースト（貼り付け）したい位置をロングタッチします。

ロングタッチする

② ［貼り付け］をタップします。

タップする

③ コピーしたテキストがペーストされます。

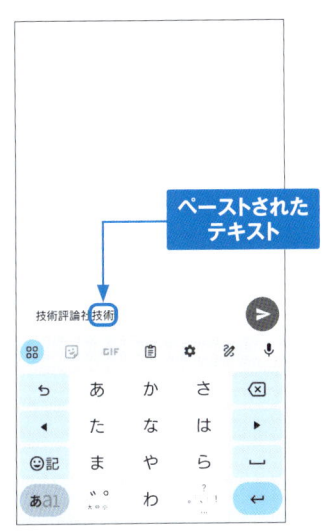

ペーストされた
テキスト

MEMO そのほかのコピー方法

ここで紹介したコピー手順は、テキストを入力・編集する画面での方法です。「Chrome」アプリなどの表示画面でテキストをコピーするには、該当箇所をロングタッチして選択し、P.28手順②〜③の方法でコピーします。

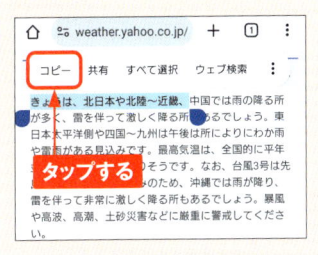

タップする

Googleアカウントを設定する

Application

Googleアカウントを設定すると、Googleが提供するサービスを利用できます。ここではGoogleアカウントを作成して設定します。すでに作成済みのGoogleアカウントを設定することもできます。

Googleアカウントを設定する

① P.18を参考にアプリ一覧画面を表示し、[設定] をタップします。

タップする

② 「設定」アプリが起動するので、画面を上方向にスクロールして、[パスワードとアカウント] をタップします。

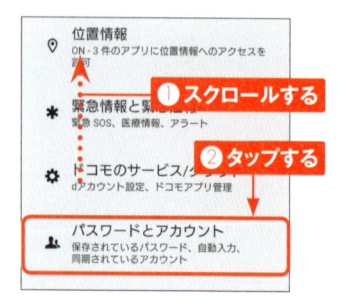

① スクロールする

② タップする

③ [アカウントを追加] → [Google] をタップします。

タップする

MEMO **Googleアカウントとは**

Googleアカウントとは、Googleが提供するサービスへのログインに必要なアカウントです。無料で作成することができ、Gmailのメールアドレスも取得することができます。Xperia 10 VIにGoogleアカウントを設定しておけば、ログイン操作など必要とせずGmailやGoogle Playなどをすぐに使うことが可能です。

④ ［アカウントを作成］→［個人で
使用］の順にタップします。すで
に作成したアカウントを設定する
には、アカウントのメールアドレス
または電話番号を入力します（右
下のMEMO参照）。

⑤ 上の欄に「姓」、下の欄に「名」
を入力し、［次へ］をタップします。

⑥ 生年月日と性別をタップして設定
し、［次へ］をタップします。

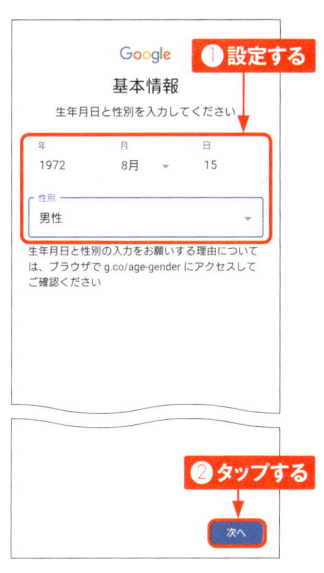

既存のアカウントを設定

作成済みのGoogleアカウントが
ある場合は、手順④の画面で
メールアドレスまたは電話番号
を入力して、［次へ］をタップし
ます。次の画面でパスワードを
入力し、P.32手順⑨もしくは
P.33手順⑬以降の解説に従っ
て設定します。

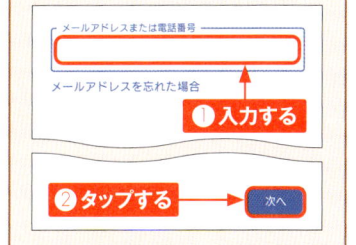

⑦ [自分でGmailアドレスを作成] を
タップして、希望するメールアドレ
スを入力し、[次へ] をタップしま
す。

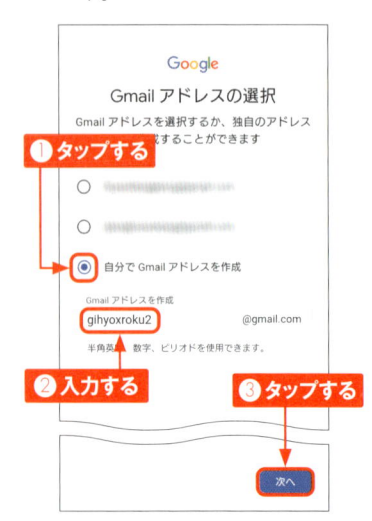

⑧ パスワードを入力し、[次へ] をタッ
プします。

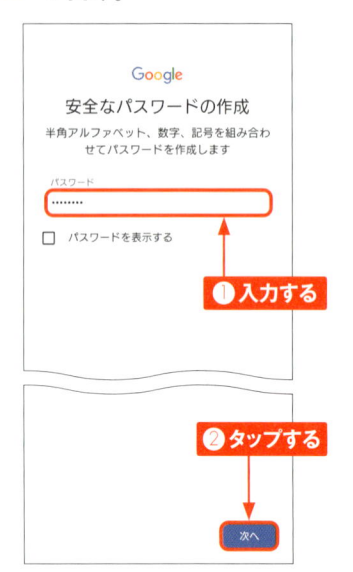

⑨ パスワードを忘れた場合のアカウ
ント復旧に使用するために、
Xperia 10 VIの電話番号を登録
します。画面を上方向にスワイプ
します。

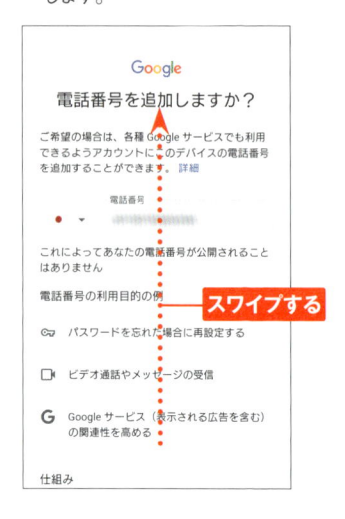

⑩ ここでは [はい、追加します] をタッ
プします。電話番号を登録しない
場合は、[その他の設定] → [電
話番号を追加しない] → [完了]
の順にタップします。

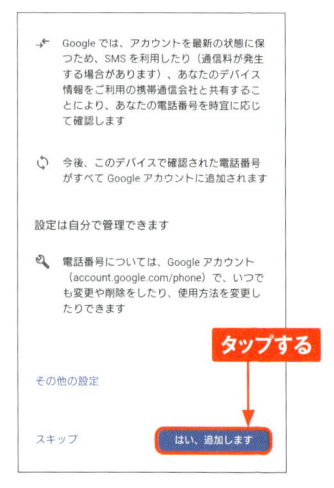

(11) 「アカウント情報の確認」画面が表示されたら、[次へ] をタップします。

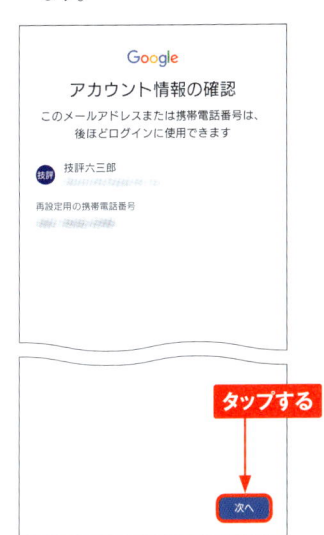

タップする

(12) 「プライバシーと利用規約」の内容を確認して、[同意する] をタップします。

アフィスト広告を配信するため。
- 詐欺や不正使用を防いでセキュリティを向上するため。
- 分析や測定を通じてサービスがどのように利用されているかを把握するため。Googleには、サービスがどのように利用されているかを測定するパートナーもいます。こうした広告パートナーや測定パートナーについての説明をご覧ください。

データを統合する

また Google は、こうした目的を達成するため、Google のサービスやお使いのデバイス全体を通じてデータを統合します。アカウントの設定内容に応じて、たとえば検索や YouTube を利用した際に得られるユーザーの興味や関心の情報に基づいて広告を表示したり、膨大な検索クエリから収集したデータを使用してスペル訂正モデルを構築し、すべてのサービスで使用したりすることがあります。

て使用する方法は、下の[その他の設定]で管理できます。設定の変更や同意の取り消しは、アカウント情報（myaccount.google.com）でいつでも行えます。

その他の設定 ∨

タップする

(13) 利用したいGoogleサービスがオンになっていることを確認して、[同意する] をタップします。

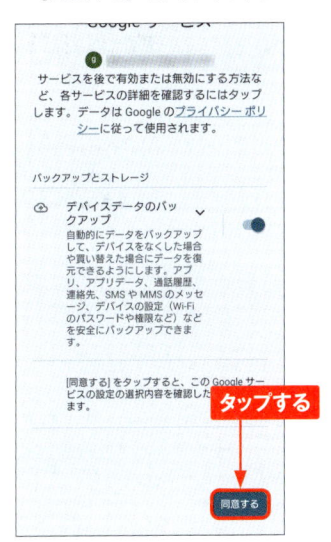

タップする

(14) Googleアカウントが作成され、Xperia 10 VIに設定されます。

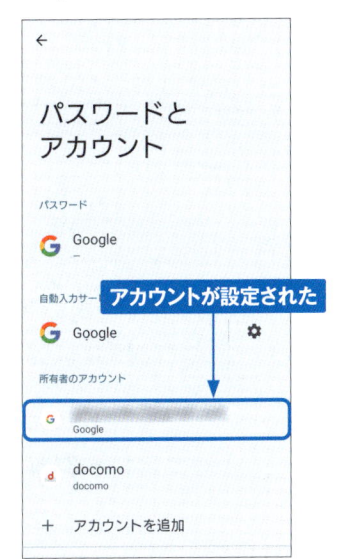

アカウントが設定された

ドコモのID・パスワードを設定する

Xperia 10 VIにdアカウントを設定すると、NTTドコモが提供するさまざまなサービスをインターネット経由で利用できるようになります。また、あわせてspモードパスワードの変更も済ませておきましょう。

dアカウントとは

「dアカウント」とは、NTTドコモが提供しているさまざまなサービスを利用するためのIDです。dアカウントを作成し、Xperia 10 VIに設定することで、Wi-Fi経由で「dマーケット」などのドコモの各種サービスを利用できるようになります。

なお、ドコモのサービスを利用しようとすると、いくつかのパスワードを求められる場合があります。このうちspモードパスワードは「お客様サポート」(My docomo)で変更やリセットができますが、「ネットワーク暗証番号」はインターネット上で再発行できません（変更は可能）。番号を忘れないように気を付けましょう。さらに、spモードパスワードを初期値（0000）のまま使っていると、変更をうながす画面が表示されることがあります。その場合は、画面の指示に従ってパスワードを変更しましょう。

なお、ドコモショップなどですでに設定を行っている場合、ここでの設定は必要ありません。また、以前使っていた機種でdアカウントを作成・登録済みで、機種変更でXperia 10 VIを購入した場合は、自動的にdアカウントが設定されます。

ドコモのサービスで利用するID／パスワード	
ネットワーク暗証番号	お客様サポート（My docomo）や、各種電話サービスを利用する際に必要です（P.35参照）。
dアカウント／パスワード	ドコモのサービスやdポイントを利用するときに必要です。
spモードパスワード	ドコモメールの設定、spモードサイトの登録／解除の際に必要です。初期値は「0000」ですが、変更が必要です（P.38参照）。

dアカウントを設定する

1. P.18を参考に「設定」アプリを起動して、［ドコモのサービス／クラウド］をタップします。

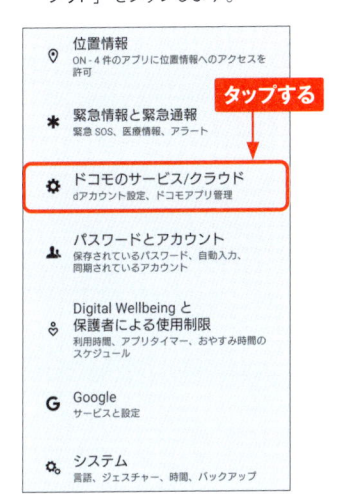

2. ［dアカウント設定］をタップします。「機能の利用確認」画面が表示されたら［OK］→［許可］の順にタップします。次に「ご利用にあたって」画面が表示されたら［同意する］をタップします。

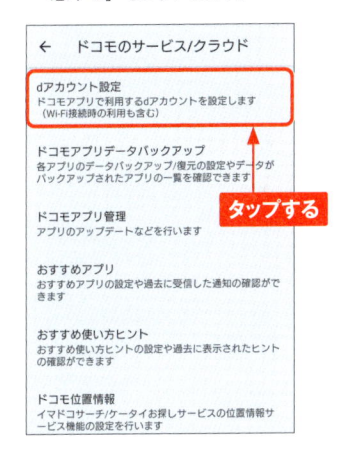

3. 「dアカウント設定」画面が表示されたら、［ご利用中のdアカウントを設定］をタップします。新規に作成する場合は、［新たにdアカウントを作成］をタップします。

4. dアカウントをすでに持っている場合は、電話番号に紐づいたdアカウントが表示されるので、ネットワーク暗証番号を入力して［設定する］をタップします。

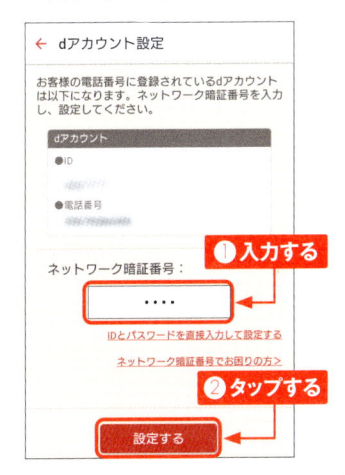

⑤ 設定の確認・変更画面が表示されたら［進む］をタップすると、ログイン確認画面が表示されるので、［ログイン］をタップします。

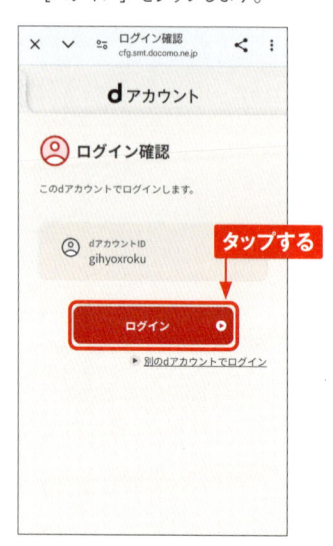

⑦ 「アプリ一括インストール」画面が表示されたら、［後で自動インストール］をタップして、[進む]をタップします。

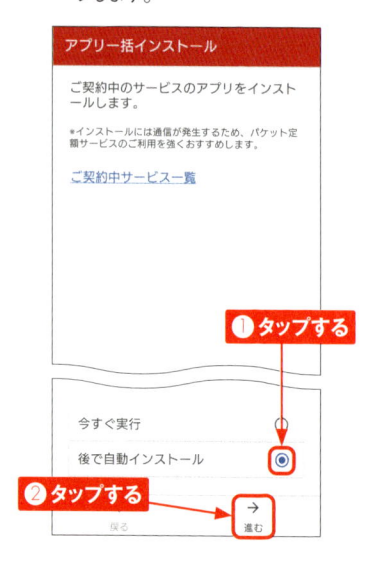

⑥ dアカウントの作成が完了しました。生体認証の設定は、ここでは［設定しない］をタップして、[OK]をタップします。

⑧ dアカウントの設定が完了します。

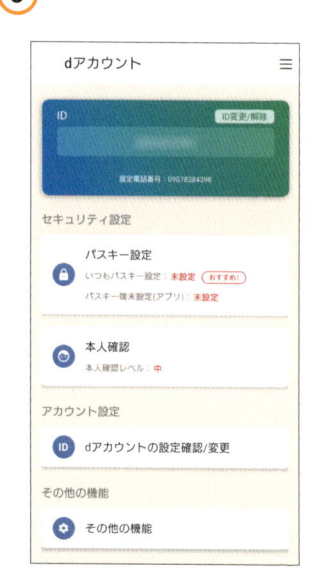

dアカウントのIDを変更する

① P.36手順⑧の画面で［dアカウントの設定確認/変更］をタップします。

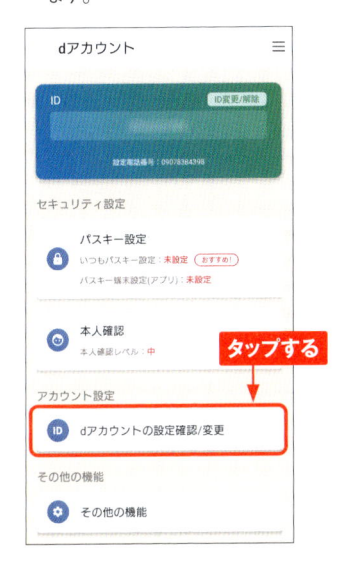

② ［設定を変更する］をタップします。

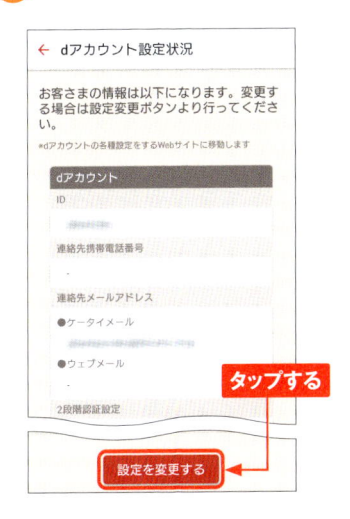

③ ［IDの変更］をタップします。

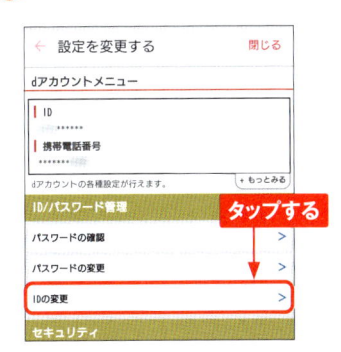

④ ［好きな文字列］をタップして変更したいIDを入力し、［入力内容を確認する］をタップします。

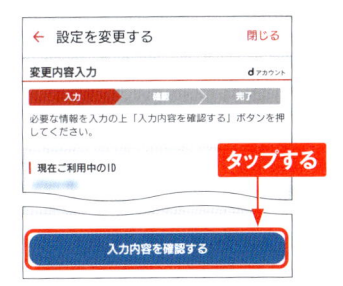

⑤ ［IDを変更する］をタップすると変更が完了します。

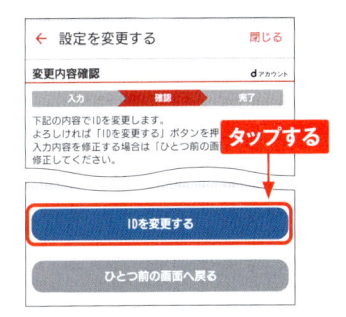

spモードパスワードを変更する

① ホーム画面で［dメニュー］をタップし、左上の三をタップし、［My docomo］をタップします。

② 画面を上方向にスライドし、iモード・spモードパスワードリセットを開いて、［spモードパスワード］をタップします。

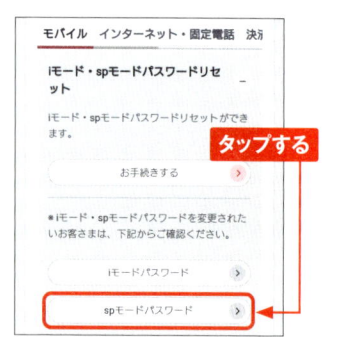

③ 画面を上方向にスライドし、［spモードパスワード変更］をタップします。

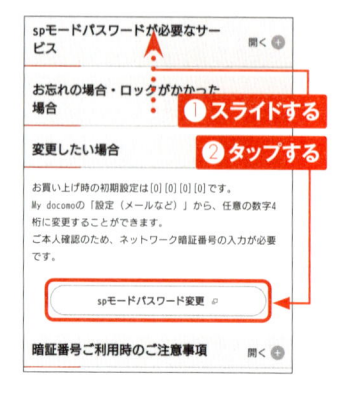

④ ネットワーク暗証番号を入力し、［認証する］をタップします。パスワードの保存画面が表示されたら、［使用しない］をタップします。

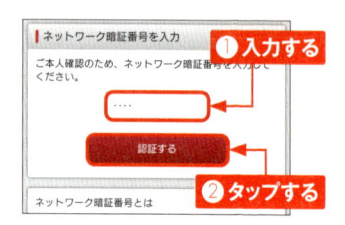

⑤ 現在のspモードパスワード（初期値は「0000」）と新しいパスワード（不規則な数字4文字）を入力します。［設定を確定する］をタップします。

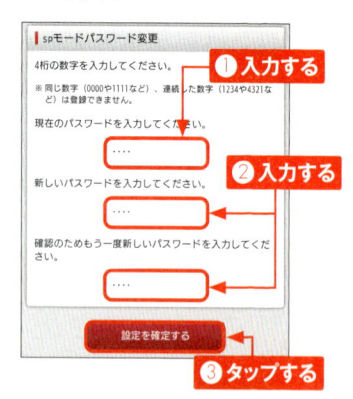

MEMO spモードパスワードのリセット

spモードパスワードがわからなくなったときは、手順②の画面で［お手続きする］をタップし、画面の指示に従って手続きを行うと、初期値の「0000」にリセットできます。

電話機能を使う

電話をかける・受ける

Application

電話操作は発信も着信も非常にシンプルです。発信時はホーム画面のアイコンからかんたんに電話を発信でき、着信時はスワイプまたはタップ操作で通話を開始できます。

電話をかける

① ホーム画面で📞をタップします。

タップする

② 「電話」アプリが起動します。▦をタップします。

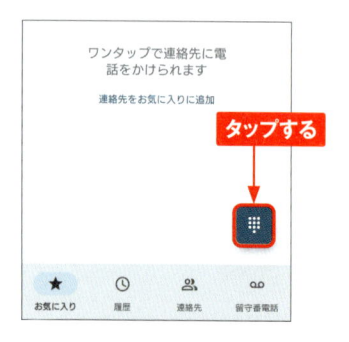

ワンタップで連絡先に電話をかけられます

連絡先をお気に入りに追加

タップする

③ 相手の電話番号をタップして入力し、📞音声通話をタップすると、電話が発信されます。

❶タップする　　❷タップする

④ 相手が応答すると通話が始まります。📞をタップすると、通話が終了します。

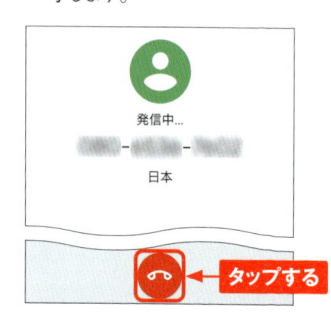

発信中...

日本

タップする

電話を受ける

1 電話がかかってくると、着信画面が表示されます（スリープモードの場合）。 を上方向にスワイプします。また、画面上部に通知で表示された場合は、[応答]をタップします。

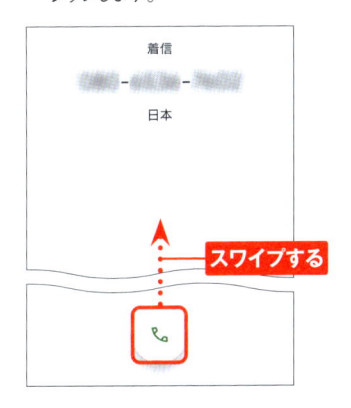

2 相手との通話が始まります。通話中にアイコンをタップすると、ダイヤルキーなどの機能を利用できます。

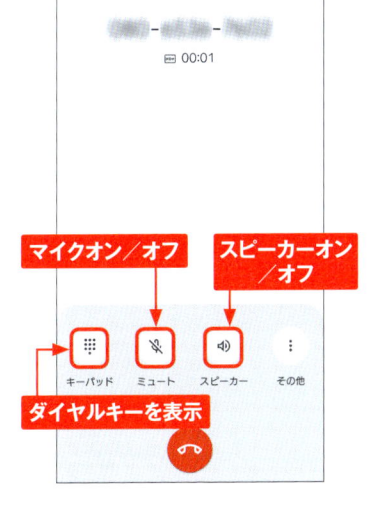

3 をタップすると、通話が終了します。

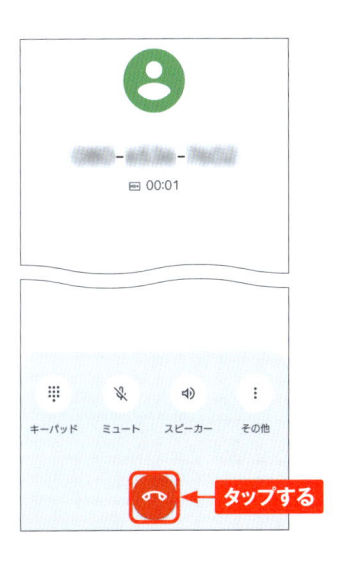

MEMO サイレントモード

Xperia 10 VIでは、着信中にスマートフォンの画面を下にして平らな場所に置くと、着信通知をオフにすることができます。P.42手順①の画面で右上の をタップし、[設定] → [ふせるだけでサイレントモード] の順にタップしてオンにします。

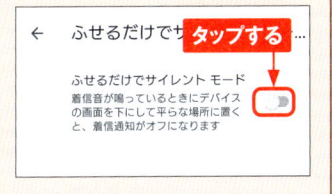

発信や着信の履歴を確認する

Application

電話の発信や着信の履歴は、「通話履歴」画面で確認します。また、電話をかけ直したいときに通話履歴画面から発信したり、履歴からメッセージ（SMS）を送信したりすることもできます。

発信や着信の履歴を確認する

① ホーム画面で📞をタップして「電話」アプリを起動し、[履歴] をタップします。

タップする

② 発着信の履歴を確認できます。履歴をタップして、[履歴を開く] をタップします。

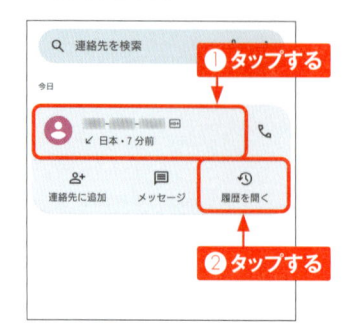

① タップする
② タップする

③ 通話の詳細を確認することができます。

MEMO 履歴の削除

手順**②**の画面で履歴をロングタッチして [削除] をタップすると、履歴を削除できます。

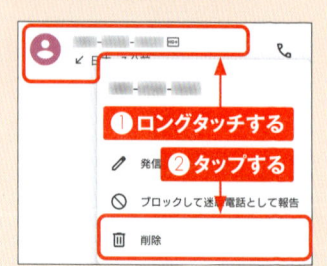

① ロングタッチする
② タップする

履歴から発信する

1 P.42手順①を参考に通話履歴画面を表示します。発信したい履歴の📞をタップします。

2 電話が発信されます。

MEMO 履歴からメッセージ（SMS）を送信

P.42手順②の画面で履歴をタップし、表示されるメニューで［メッセージ］をタップすると、メッセージの作成画面が表示され、相手にメッセージを送信することができます。そのほかに、履歴の相手を連絡先に追加したり（P.51参照）、履歴の詳細を表示したりすることも可能です。

留守番電話を確認する

Application

ドコモの留守番電話サービス（有料）を利用していると、電話に出られないときにメッセージを残してもらうことができます。なお、契約時の呼び出し時間は15秒に設定されています。

留守番電話を確認する

① 留守番電話にメッセージがあると、ステータスバーや通知パネルに通知が表示されます。

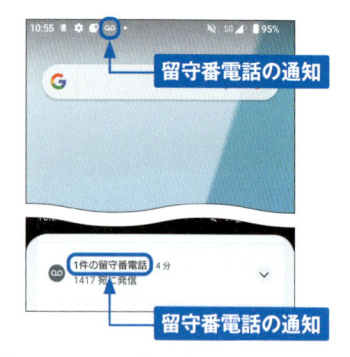

留守番電話の通知

留守番電話の通知

② P.40手順①～②を参考に「ダイヤル」画面を表示し、「1417」と入力して、をタップします。

❶ 入力する

❷ タップする

③ 留守番電話サービスにつながり、メッセージを確認することができます。

留守番電話
00:06

MEMO 留守番電話サービスとは

留守番電話を利用するには、有料の留守番電話サービスに加入する必要があります。未加入の場合は、ドコモショップの店頭か、インターネットの「My docomo」（P.118参照）で利用を申し込むことができます。

留守番電話を消去する

1 P.44手順①〜②を参考にして、留守番電話サービスに電話をかけます。録音されたメッセージを消去したい場合は、3_{DEF}をタップします。

2 メッセージが消去されます。複数のメッセージが録音されている場合は、#をタップすると次のメッセージを聞くことができます。

3 をタップすると、メッセージの再生が終了します。

MEMO 「ドコモ留守電」アプリの利用

Xperia 10 VIでは、「ドコモ留守電」アプリを利用して留守番電話を管理することが可能です。留守番電話の一覧表示や、メッセージの再生や削除などもかんたんに行えます。「https://www.nttdocomo.co.jp/service/answer_phone/answer_phone_app/」からアプリをダウンロードすることができます。

Application

伝言メモを利用する

Xperia 10 VIでは、電話に応答できないときに本体に伝言を記録する伝言メモ機能を利用できます。有料サービスである「留守番電話サービス」とは異なり、無料で利用できます。

伝言メモを設定する

① P.40手順①を参考に「電話」アプリを起動して、画面右上の⋮をタップし、[設定]をタップします。

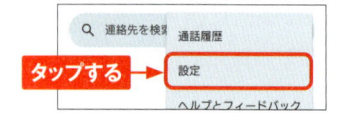

② 「設定」画面で[通話アカウント]→[利用中のSIM](この場合は、[docomo])→[伝言メモ]→[OK]の順にタップします。

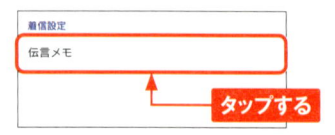

③ 説明を確認して、[OK]をタップします。

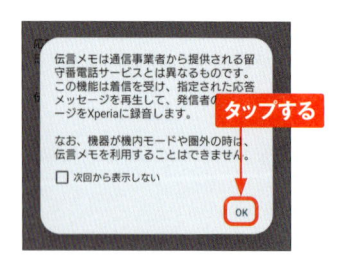

④ 「伝言メモ」画面で[伝言メモ]をタップし、⚪を⚫に切り替えます。[応答時間設定]をタップします。

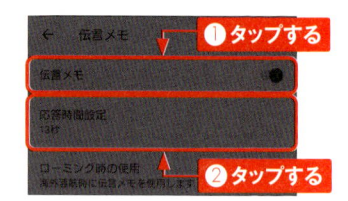

⑤ 応答時間をドラッグして変更し、[完了]をタップします。有料の「留守番電話サービス」の呼び出し時間(契約時15秒)より短く設定する必要があります。

伝言メモを再生する

① 伝言メモがあると、ステータスバーに伝言メモの通知が表示されます。ステータスバーを下方向にドラッグします。

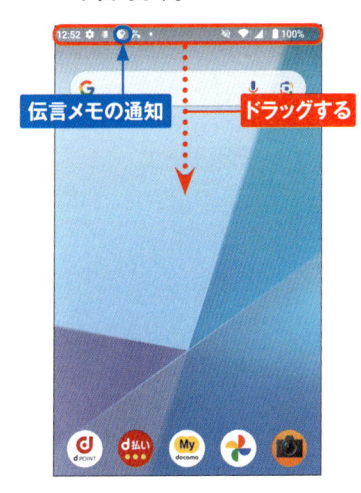

② 通知パネルが表示されるので、伝言メモの通知をタップします。

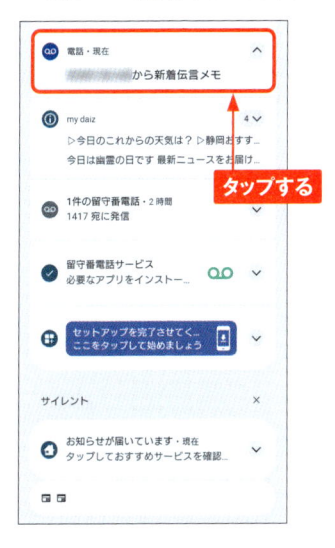

③ 再生したいメモをタップすると、録音された音声が再生されます。

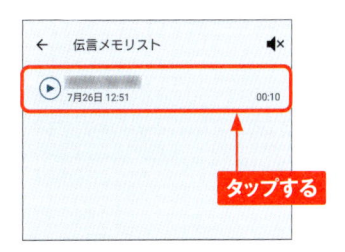

④ 伝言メモを削除するには、メモをロングタッチし、[削除]もしくは[すべて削除]→[OK]をタップします。

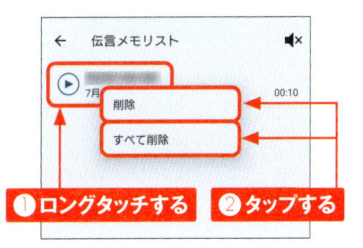

MEMO そのほかの伝言メモ再生方法

ステータスバーの通知を削除してしまった場合は、P.46手順③の画面を表示して[伝言メモリスト]をタップすると、伝言メモを確認することができます。

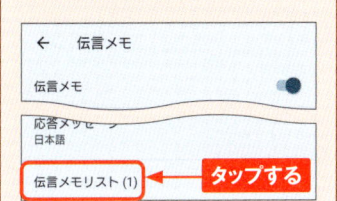

電話帳を利用する

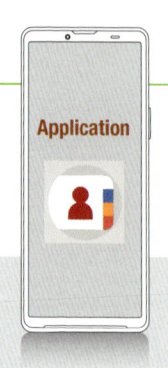

Application

電話番号やメールアドレスなどの連絡先は、「ドコモ電話帳」アプリで管理することができます。クラウド機能を有効にすることで、電話帳データが専用のサーバーに自動で保存されます。

ドコモ電話帳のクラウド機能を利用する

(1) ホーム画面で[アプリ一覧ボタン]をタップし、[ドコモ電話帳]をタップします。

(2) 初回起動時は「クラウド機能の利用について」画面が表示されます。[注意事項]をタップします。

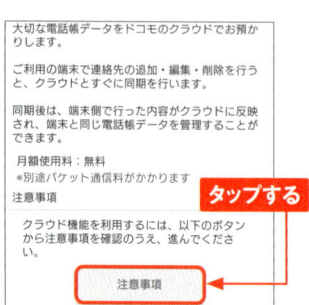

大切な電話帳データをドコモのクラウドでお預かりします。

ご利用の端末で連絡先の追加・編集・削除を行うと、クラウドとすぐに同期を行います。

同期後は、端末側で行った内容がクラウドに反映され、端末と同じ電話帳データを管理することができます。

・月額使用料：無料
 ※別途パケット通信料がかかります
注意事項

クラウド機能を利用するには、以下のボタンから注意事項を確認のうえ、進んでください。

注意事項

(3) 「Chromeにようこそ」画面が表示された場合は、[同意して続行]→[続行]→[OK]の順にタップします。注意事項が表示されるので、説明を確認して、◀をタップします。

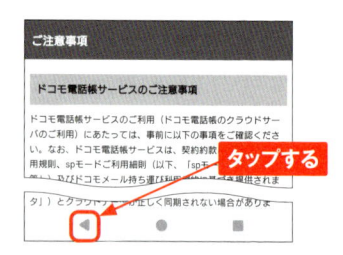

ご注意事項

ドコモ電話帳サービスのご注意事項

ドコモ電話帳サービスのご利用（ドコモ電話帳のクラウドサーバのご利用）にあたっては、事前に以下の事項をご確認ください。なお、ドコモ電話帳サービスは、契約約款、利用規則、spモードご利用細則（以下、「sp…………及びドコモメール持ち運び………は提供されます

タ」）とクラウドサーバーが正しく同期されない場合があります

(4) 手順②の画面に戻るので、[利用する]をタップします。

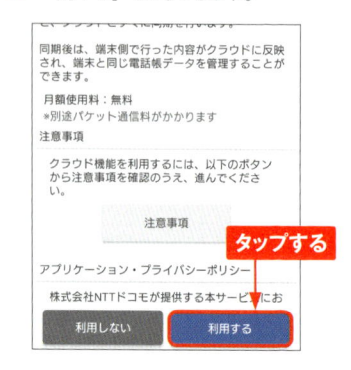

同期後は、端末側で行った内容がクラウドに反映され、端末と同じ電話帳データを管理することができます。

・月額使用料：無料
 ※別途パケット通信料がかかります
注意事項

クラウド機能を利用するには、以下のボタンから注意事項を確認のうえ、進んでください。

注意事項

アプリケーション・プライバシーポリシー

株式会社NTTドコモが提供する本サービスにお

利用しない　　利用する

5 通知の送信許可を求められたら [許可] をタップします。

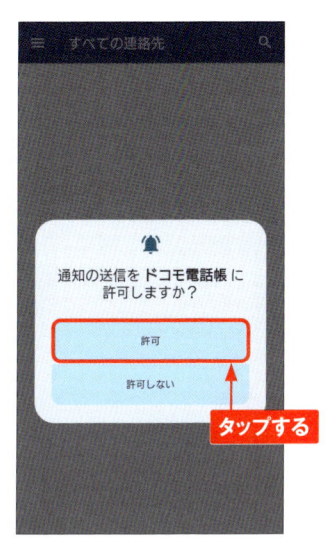

タップする

6 データがある場合は、「すべての連絡先」画面に登録済みの電話帳データが表示され、ドコモ電話帳が利用できるようになります。画面左上の ≡ をタップしてメニューを表示します。

タップする

7 [設定] → [クラウドメニュー] の順にタップします。

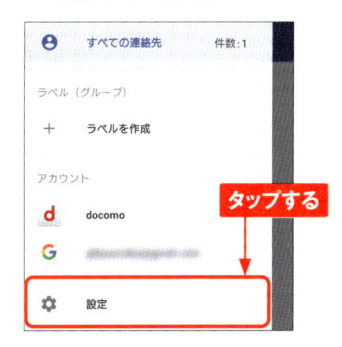

タップする

8 [クラウドとの同期実行] → [OK] の順にタップすると、クラウドサーバーとの同期が行われます。

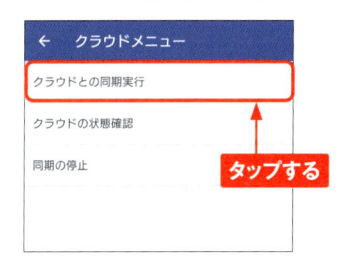

タップする

2

MEMO ドコモ電話帳の クラウド機能とは

ドコモ電話帳では、電話帳データを専用のクラウドサーバーに自動で保存しています。そのため、機種変更をしたときも、クラウドを利用してかんたんに電話帳を移行することができます。なお、ここではクラウドサーバーとの同期を手動で行っていますが、データを追加・編集・削除すると自動的にクラウドサーバーとの同期が行われます。

連絡先に新規連絡先を登録する

1 P.48手順①を参考に「ドコモ電話帳」アプリを起動し、●をタップします。

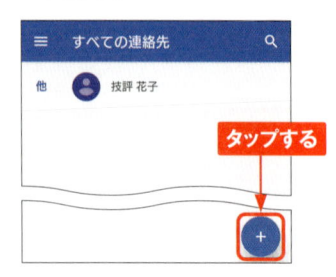

2 新しい連絡先を保存するアカウントをタップして選択します（ここでは「docomo」を選択します）。

3 入力欄をタップし、「姓」と「名」の入力欄に相手の氏名を入力します。

4 画面をスクロールして、名前のふりがなを入力します。

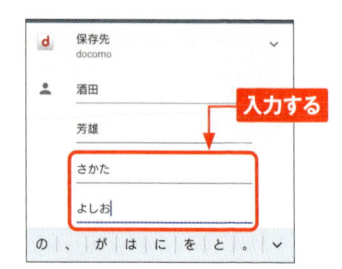

5 電話番号やメールアドレスなどそのほかの情報も入力し、完了したら［保存］をタップします。

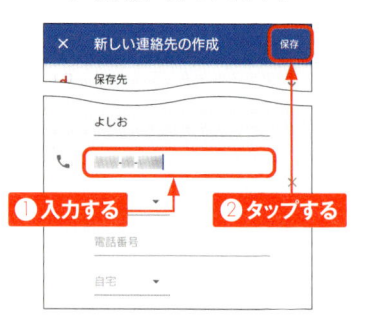

6 連絡先の情報が保存され、登録した相手の情報が表示されます。

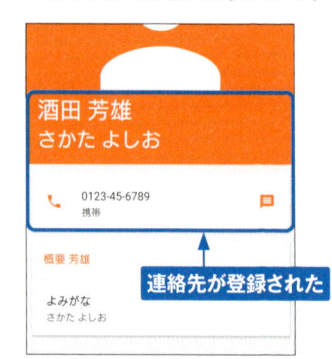

連絡先を履歴から登録する

(1) P.40手順①を参考にして、「電話」アプリを起動します。[履歴]をタップして、履歴画面を表示します。連絡先に登録したい電話番号をタップします。

(2) [連絡先に追加] をタップします。「連絡先に追加」画面で、[新しい連絡先を作成] をタップします。

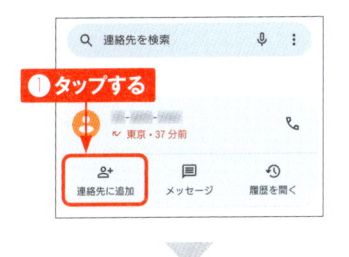

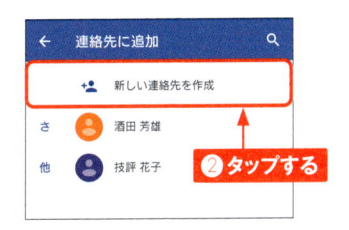

(3) P.50手順③～⑤の方法で連絡先の情報を登録し、[保存] をタップします。

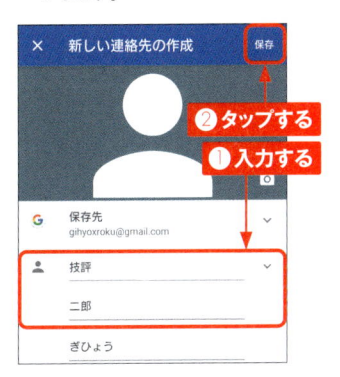

MEMO **連絡先の検索**

「ドコモ電話帳」アプリを起動し、「すべての連絡先」画面右上の🔍をタップすると、登録されている連絡先を探すことができます。よみがなを登録している場合は、名字もしくは名前の一文字目を入力すると候補に表示されます。

マイプロフィールを確認・編集する

① P.49手順⑥を参考に「ドコモ電話帳」アプリでメニューを表示し、[設定] をタップします。

② [ユーザー情報] をタップします。

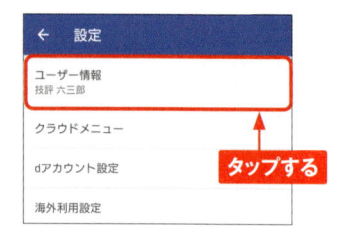

③ 自分の電話番号などが確認できます。編集する場合は、✎をタップします。

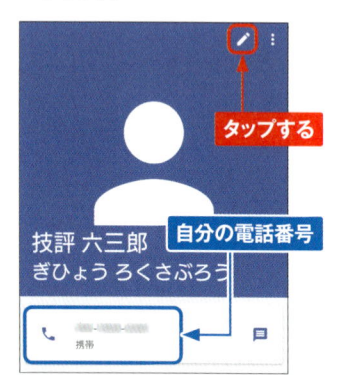

④ P.50手順③〜⑤の方法で情報を入力し、[保存] をタップします。

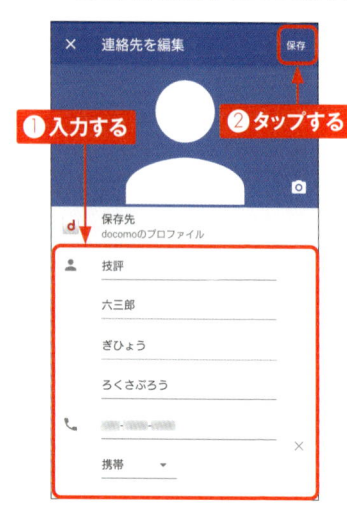

MEMO 住所の登録

マイプロフィールに住所や誕生日などを登録したい場合は、手順④の画面下部にある [その他の項目] をタップし、[住所] などをタップします。

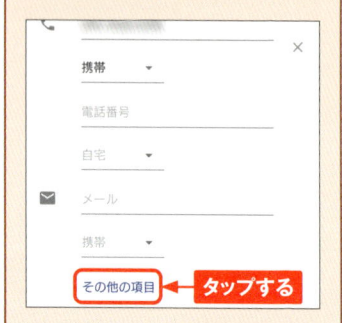

ドコモ電話帳のそのほかの機能

● 電話帳を編集する

1. P.48手順①を参考に「ドコモ電話帳」アプリを起動して「すべての連絡先」画面を表示し、編集したい連絡先の名前をタップします。

2. ✐をタップして「連絡先を編集」画面を表示し、P.50手順③〜⑤の方法で連絡先を編集します。

● 電話帳から電話を発信する

1. 左記手順②の画面で電話番号をタップします。

2. 電話が発信されます。

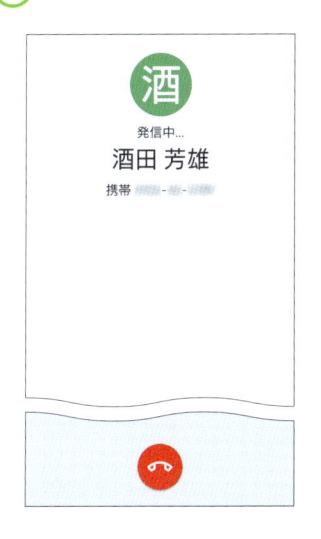

2

53

Application

着信拒否を設定する

着信拒否設定を行うと、登録した電話番号からの着信を拒否することができます。迷惑電話やいたずら電話がくり返しかかってきたときに、着信拒否を設定しましょう。

着信拒否リストに登録する

①　P.40手順①を参考に「電話」アプリを起動し、右上の⋮をタップして、[設定] → [ブロック中の電話番号] の順にタップします。

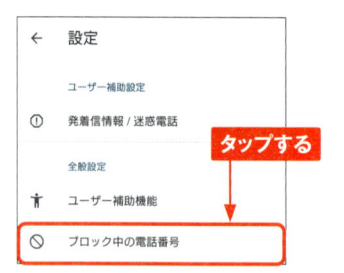

③　[番号を追加] をタップします。

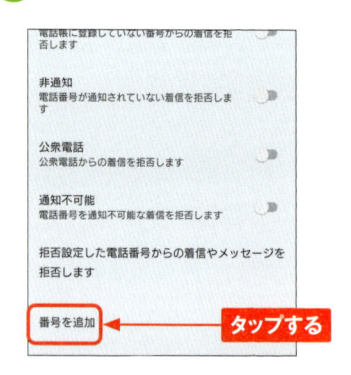

②　「着信拒否設定」画面が表示されます。それぞれの項目をタップすることで、電話帳に登録していない番号や非通知の着信を拒否することができます。

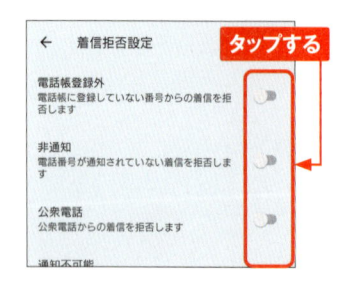

④　着信を拒否したい電話番号を入力し、[追加] をタップします。

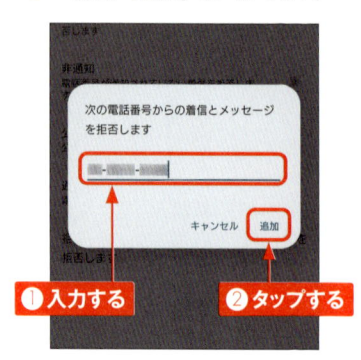

⑤ 着信を拒否した番号が登録され、表示されます。

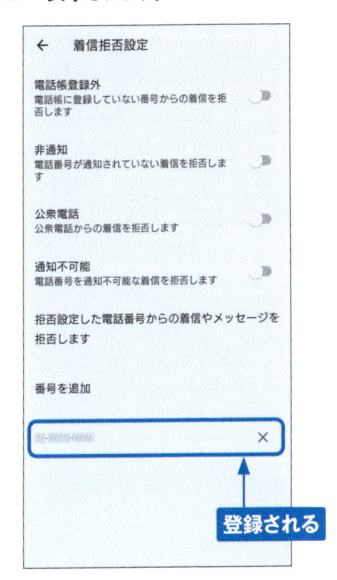

⑥ 着信拒否を解除する場合は、解除したい番号の［×］をタップして［拒否設定を解除］をタップします。

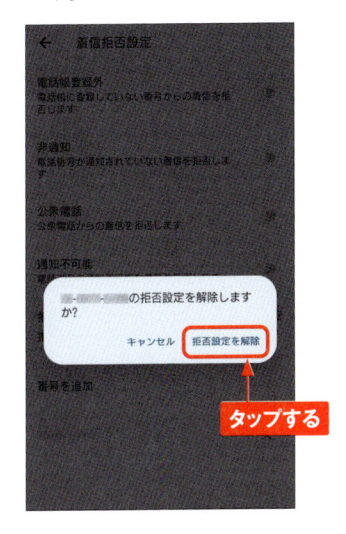

⑦ 着信拒否が解除されます。

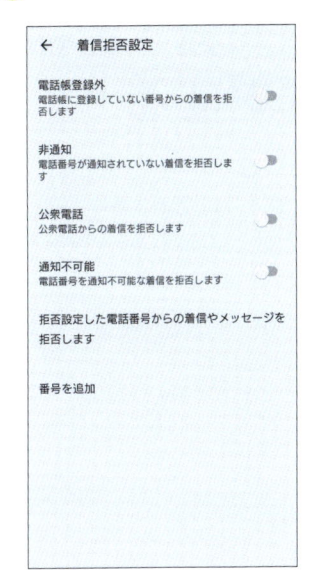

MEMO 履歴から着信拒否リストに登録

P.42手順②の画面で履歴をロングタッチして［ブロックして迷惑電話として報告］をタップすると着信拒否リストに登録できます。

通知音・着信音を変更する

Application

メールの通知音と電話の着信音は、「設定」アプリから変更できます。また、電話の着信音は、着信した相手ごとに個別に設定できます。

🖼 メールの通知音を変更する

① P.18を参考に「設定」アプリを起動して、［音設定］をタップします。

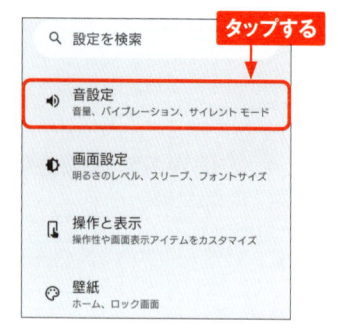

タップする

② 「音設定」画面が表示されるので、［通知音］をタップします。アクセス許可の画面が表示されたら、［許可］をタップします。

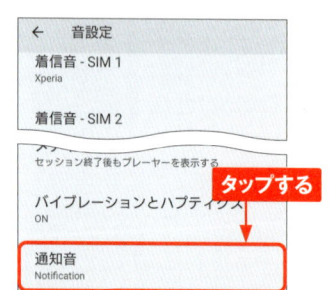

タップする

③ 通知音のリストが表示されます。好みの通知音をタップし、［OK］をタップすると変更完了です。

❶ タップする

❷ タップする

MEMO 音楽を通知音に設定

手順③の画面で［通知の追加］→ ≡ →［ミュージック］→［許可］の順にタップすると、Xperia 10 Ⅴに保存されている音楽を通知音に設定することができます。着信音についても、同様に設定することが可能です。

電話の着信音を変更する

① P.18を参考に「設定」アプリを起動し、[音設定] をタップします。

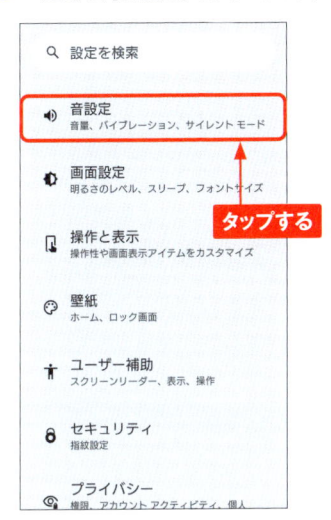

タップする

③ 着信音のリストが表示されるので、好みの着信音を選んでタップし、[OK] をタップすると、着信音が変更されます。

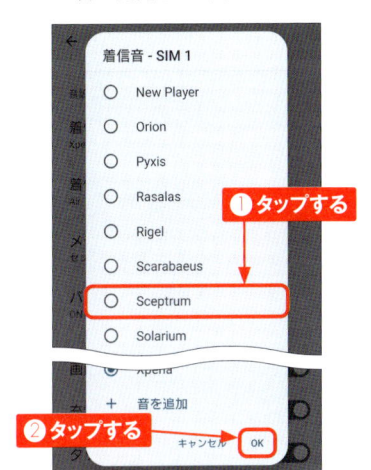

❶ タップする

❷ タップする

② 「音設定」画面が表示されるので、上にスクロールし [着信音] をタップします。

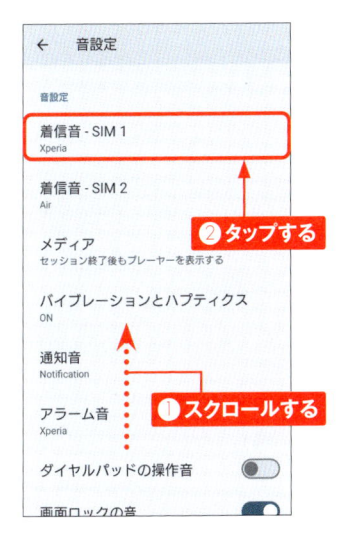

❷ タップする

❶ スクロールする

MEMO　着信音の個別設定

着信相手ごとに、着信音を変えることができます。P.53を参考に着信音を変更したい相手の連絡先を表示して、画面右上の → [着信音を設定] の順にタップします。ここで好きな着信音をタップして、[OK] をタップすると、その連絡先からの着信音を設定することができます。

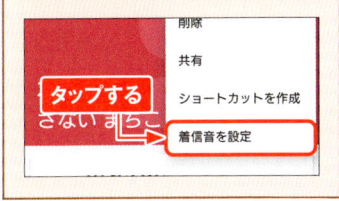

タップする

2

音量・マナーモード・操作音を設定する

Application

音量は「設定」アプリから変更できます。また、マナーモードはバイブレーションがオン／オフの2つのモードがあります。なお、マナーモード中でも、動画や音楽などの音声は消音されません。

音楽やアラームなどの音量を調節する

① P.18を参考に「設定」アプリを起動して、[音設定] をタップします。

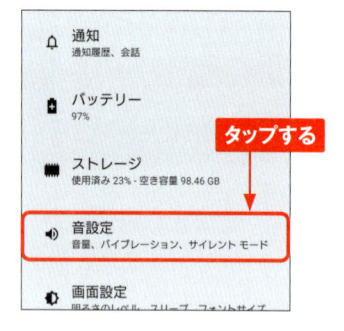

- 🔔 通知
  通知履歴、会話
- 🔋 バッテリー
  97%
- 🗄 ストレージ
  使用済み 23% - 空き容量 98.46 GB

タップする

- 🔊 音設定
  音量、バイブレーション、サイレント モード
- ⬮ 画面設定
  明るさのレベル、スリープ、フォントサイズ

② 「音設定」画面が表示されます。「メディアの音量」の ● を左右にドラッグして音楽や動画の音量を調節します。

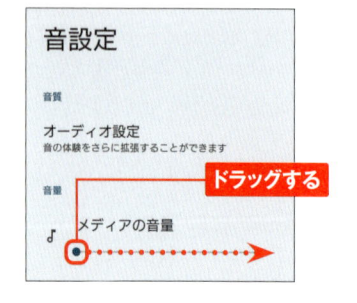

音設定

音質

オーディオ設定
音の体験をさらに拡張することができます

音量

ドラッグする

♪ メディアの音量

③ 手順②と同じ方法で、「通話音量」や「着信音と通知音の音量」なども調節できます。

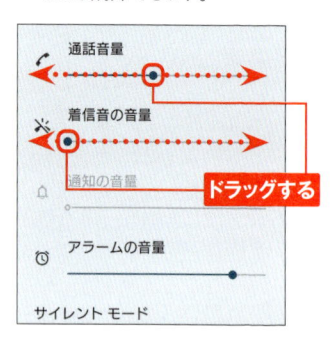

📞 通話音量

📳 着信音の音量

ドラッグする

🔔 通知の音量

⏰ アラームの音量

サイレント モード

④ 画面左上の←をタップして、設定を完了します。

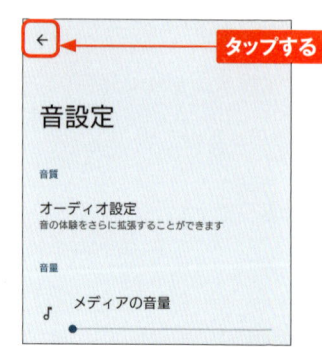

タップする

音設定

音質

オーディオ設定
音の体験をさらに拡張することができます

音量

♪ メディアの音量

マナーモードを設定する

1 本体の右側面にある音量キーを押し、▨をタップします。

2 ▯をタップします。

3 アイコンが▯になり、バイブレーションのみのマナーモードになります。

4 手順②の画面で▨をタップするとアイコンが▨になり、バイブレーションもオフになったマナーモードになります（アラームや動画、音楽は鳴ります）。▯をタップすると▯に戻ります。

■ 操作音のオン／オフを設定する

① P.18を参考に「設定」アプリを起動して、[音設定] をタップします。

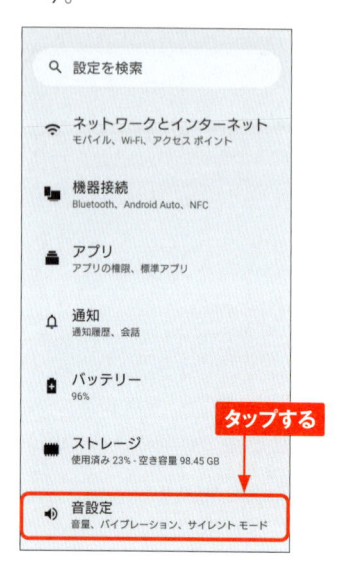

② 画面を上方向にスクロールします。

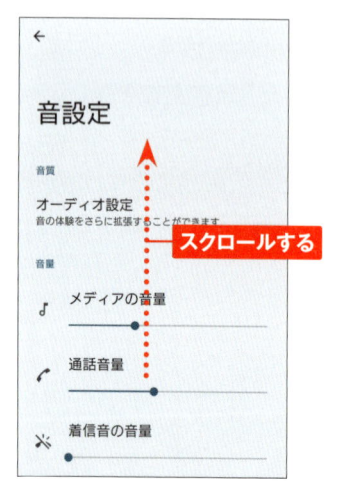

③ 設定を変更したい操作音（ここでは [ダイヤルパッドの操作音]）をタップします。

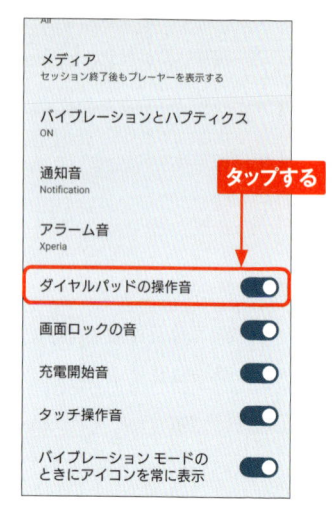

④ が になり、操作音がオフになります。同様にして、画面ロックの音やタッチ操作音のオン／オフが行えます。

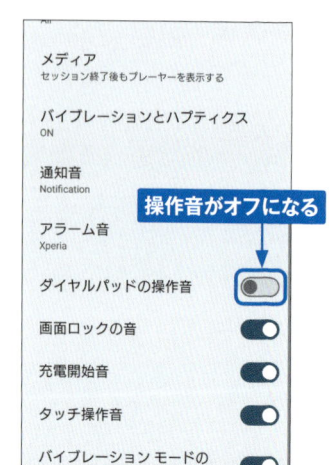

Chapter 3

インターネットやメール
を利用する

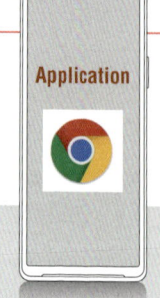

Application

Webページを閲覧する

Xperia 10 VIでは、「Chrome」アプリでWebページを閲覧できます。Googleアカウントでログインすることで、パソコン用の「Google Chrome」とブックマークや履歴の共有が行えます。

Webページを閲覧する

(1) ホーム画面を表示して、をタップします。初回起動時は広告プライバシーに関する確認画面が表示されるので［理解した］をタップし、「Chromeにログイン」画面でアカウントを選択して［有効にする］をタップします。

(2) 最初に「Chromeで表示されるに対するプライバシー強化について」が表示された場合は、［OK］をタップします。2回目以降は設定されたトップ画面が表示されます。

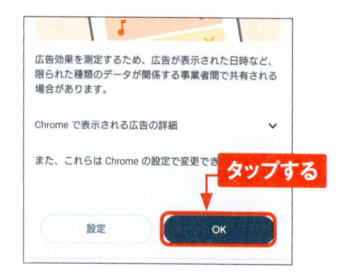

(3) ［アドレス入力欄］をタップし、WebページのURLを入力して、をタップします。

(4) 入力したURLのWebページが表示されます。

Webページを移動・更新する

1 Webページの閲覧中に、リンク先のページに移動したい場合、ページ内のリンクをタップします。

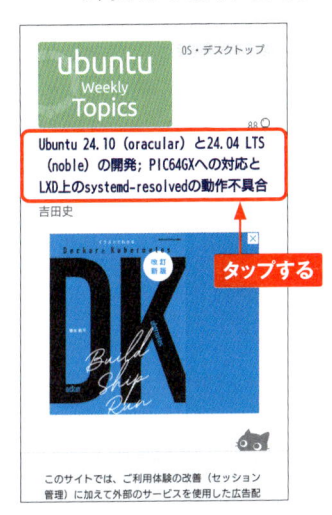

タップする

2 ページが移動します。◀をタップすると、タップした回数分だけページが戻ります。

タップする

3 画面右上の⋮をタップして、→をタップすると、前のページに進みます。

タップする

4 ⋮をタップして、Cをタップすると、表示しているページが更新されます。

タップする

3

📝 MEMO 「Chrome」アプリの更新

「Chrome」アプリの更新がある場合、手順①の画面で、右上の⋮が🔴になっていることがあります。その場合は、🔴 → [Chromeを更新] → [更新] の順にタップして「Chrome」アプリを更新しましょう。

Webページを検索する

Application

「Chrome」アプリのアドレス入力欄に文字列を入力すると、Google検索が利用できます。また、ホーム画面のウィジェットを利用して、Google検索を行うことも可能です。

キーワードからWebページを検索する

① 「Chrome」アプリを起動し、[アドレス入力欄]（P.62参照）をタップします。

③ Google検索が実行され、検索結果が表示されるので、開きたいページのリンクをタップします。

② 検索したいキーワードを入力して、→ をタップします。

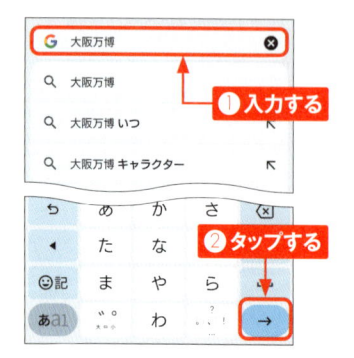

④ リンク先のページが表示されます。手順③の検索結果画面に戻る場合は、◀ をタップします。

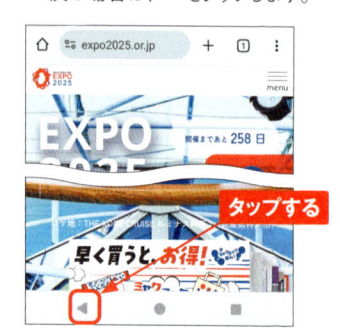

Webページ内のテキストを検索する

1 Webページ内のテキストを検索するには、Webページを開いた状態（P.64手順④参照）で、右上の ⁝ をタップし、［ページ内検索］をタップします。

（P.64手順④参照）

2 画面上部の入力窓に検索したいキーワードを入力し、🔍 をタップします。

❶入力する

❷タップする

3 該当するキーワードがWebページ内にある場合は、ハイライトで表示されます。［アドレス入力欄］の右側に該当するキーワードの件数が表示され、〜 や 〜 をタップすると、キーワードの位置に移動します。

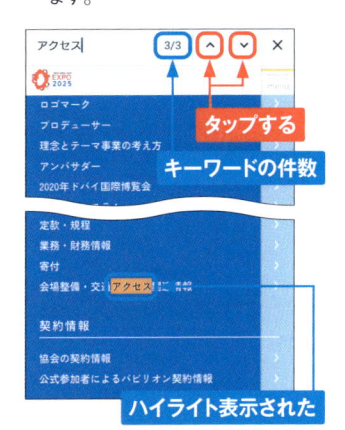

タップする

キーワードの件数

ハイライト表示された

MEMO 選択した単語でWebページを検索

「Chrome」アプリで表示したページの中の単語を選択してWebページを検索するには、ページ内の単語をロングタッチします。メニューが表示されるので、［ウェブ検索］をタップすると、Google検索の結果が表示されます。

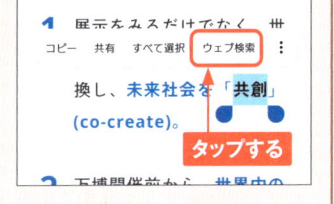

コピー　共有　すべて選択　ウェブ検索 ⁝

換し、未来社会を「共創」
(co-create)。

タップする

複数のWebページを
同時に開く

Application

「Chrome」アプリでは、複数のWebページをタブを切り替えて同時に開くことができます。複数のページを交互に参照したいときや、常に表示しておきたいページがあるときに利用すると便利です。

Webページを新しいタブで開く

① 「Chrome」アプリを起動し、［アドレス入力欄］を表示して（P.62参照）、 ⋮ をタップします。

タップする

② ［新しいタブ］をタップします。

タップする

③ 新しいタブが表示されます。検索ボックスをタップします。

タップする

④ URLや検索キーワードを入力して → をタップすると、Webページが表示されます。

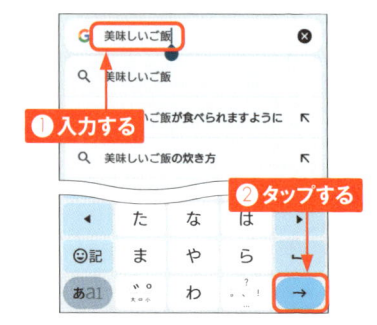

❶入力する

❷タップする

複数のタブを切り替える

1 複数のタブを開いた状態でタブ切り替えアイコンをタップします。

タップする

2 現在開いているタブの一覧が表示されるので、上下にスクロールして表示したいタブをタップします。

② タップする

① スクロールする

3 表示するタブが切り替わります。

3

MEMO タブを閉じるには

不要なタブを閉じたいときは、手順②の画面で、右上の×をタップします。なお、最後に残ったタブを閉じると、「Chrome」アプリが終了します。

タップする

タブをグループで表示する

「Chrome」アプリでは、複数のタブを1つにまとめて管理するグループ機能が利用できます。ニュースサイトごと、SNSごとというようにサイトごとにタブをまとめるなど、便利に使えます。

1 ページ内のリンクをロングタッチします。

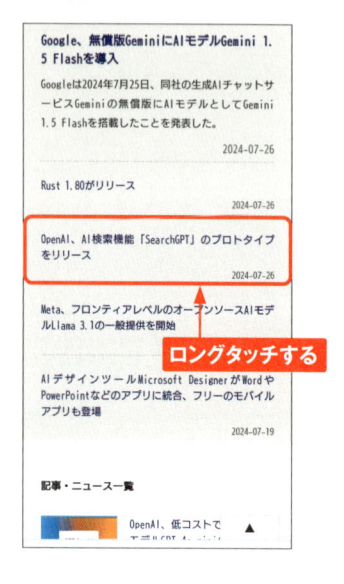

2 [新しいタブをグループで開く] をタップします。

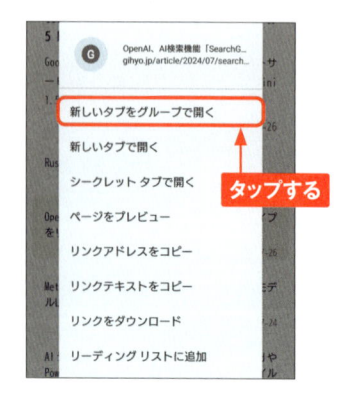

3 リンク先のページが新しいタブで開きますが、まだ表示されていません。グループ化されており、画面下にタブの切り替えアイコンが表示されるので、別のアイコンをタップします。

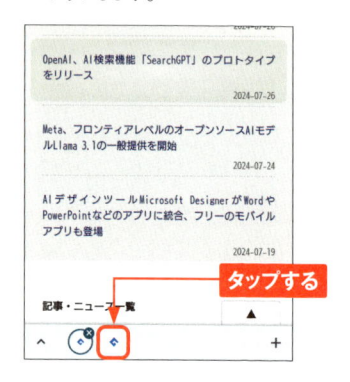

4 リンク先のページが表示されます。

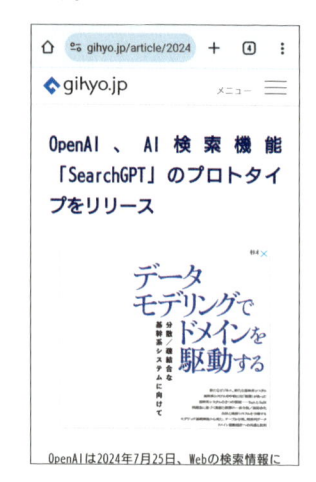

グループを整理する

1 P.68手順③の画面で［＋］をタップすると、グループ内に新しいタブが追加されます。画面右上のタブ切り替えアイコンをタップします。

2 現在開いているタブの一覧が表示され、グループの中には複数のタブがまとめられています。［○個のタブ］と書かれたグループをタップします。

3 グループ内のタブが表示されます。タブの右上の［×］をタップします。

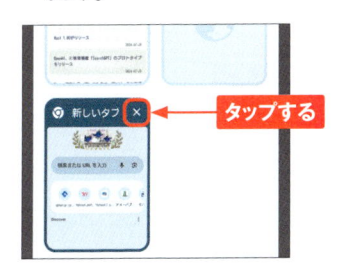

4 グループ内のタブが閉じます。←をタップします。

5 現在開いているタブの一覧に戻ります。グループにタブを追加したい場合は、追加したいタブをロングタッチし、グループにドラッグします。

6 グループにタブが追加されます。

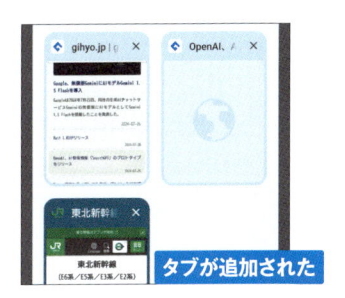

ブックマークを利用する

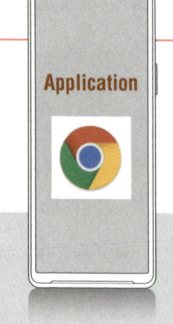

Application

「Chrome」アプリでは、WebページのURLを「ブックマーク」に追加し、好きなときにすぐに表示することができます。よく閲覧するWebページはブックマークに追加しておくと便利です。

ブックマークを追加する

① ブックマークに追加したいWebページを表示して、⋮ をタップします。

② ☆をタップします。

③ ブックマークが追加されます。追加直後に画面下部に表示される〉をタップするか、手順②の☆をタップします。

④ 名前や保存先のフォルダなどを編集し、←をタップします。

① 編集する

ホーム画面にショートカットを配置するには

MEMO

手順②の画面で［ホーム画面に追加］をタップすると、表示しているWebページのショートカットをホーム画面に配置できます。

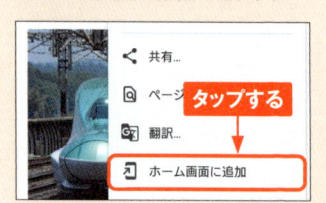

■ ブックマークからWebページを表示する

1 「Chrome」アプリを起動し、[アドレス入力欄]を表示して（P.62参照）、⋮をタップします。

2 [ブックマーク]をタップします。

3 「ブックマーク」画面が表示されるので、ブックマークのフォルダ（ここでは、[モバイルのブックマーク]）をタップし、閲覧したいブックマークをタップします。

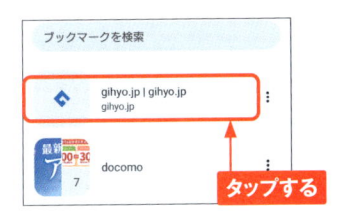

4 ブックマークに追加したWebページが表示されます。

MEMO ブックマークの削除

手順③の画面で削除したいブックマークの⋮をタップし、[削除]をタップすると、ブックマークを削除できます。

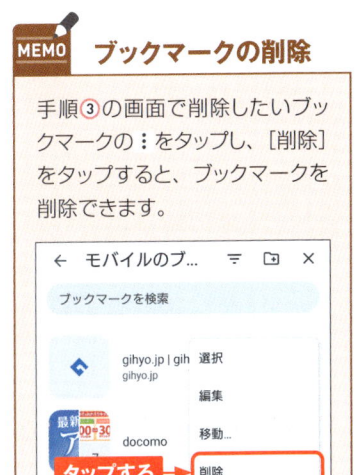

Application

QRコードを読み取って Webページを開く

最近では、Webページへのアクセス、お得なクーポンなどでQRコードが広く活用されています。 ここではQRコードからWebページにアクセスする手順を解説します。

カメラでQRコードを読み取る

① ホーム画面で📷をタップします。

タップする

② カメラが起動するので、レンズをQRコードに向けると、URLが表示されるので、それをタップします。

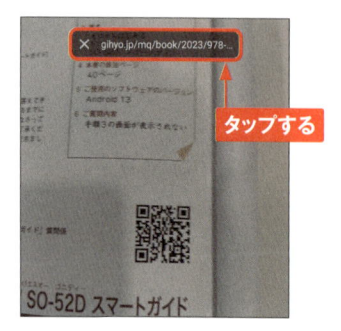

タップする

SO-52D スマートガイド

③ Webページが表示されます。

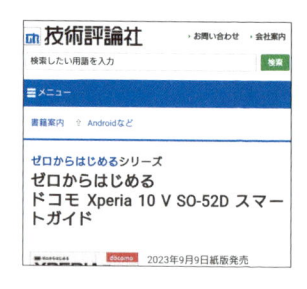

MEMO Googleレンズ

Googleレンズというアプリを使うと、カメラとほぼ同様の手順でQRコードの読み取りを行うことができます。

クイック設定ツールからQRコードを読み取る

(1) ステータスバーを2本指で下方向にドラッグします

2本指でドラッグする

(2) クイック設定パネルが表示されます。この中にある［QRコードのスキャン］をタップします。

タップする

(3) ［QRコードのスキャン］が起動しますので、レンズをQRコードに向けて下側に表示される［開く］をタップします。

タップする

(4) Webページが表示されます。

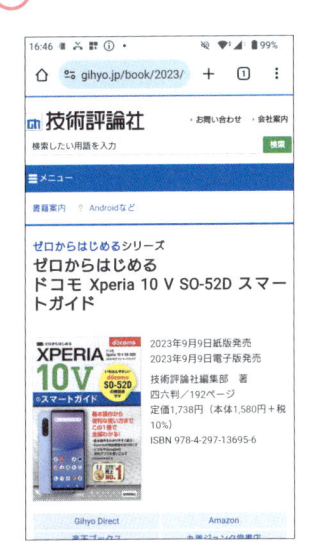

利用できるメールの種類

Application

Xperia 10 VIでは、ドコモメール（@docomo.ne.jp）やSMS、
＋メッセージを利用できるほか、GmailおよびYahoo!メールなどの
パソコンのメールも使えます。

ドコモメール

ドコモの提供するメールです。「@docomo.ne.jp」のアドレスが使えます。iモードと同じアドレスが使用可能です。

こんにちは〜

From: sample@docomo.ne.jp
to: ××××@×××.×××

SMSと＋メッセージ

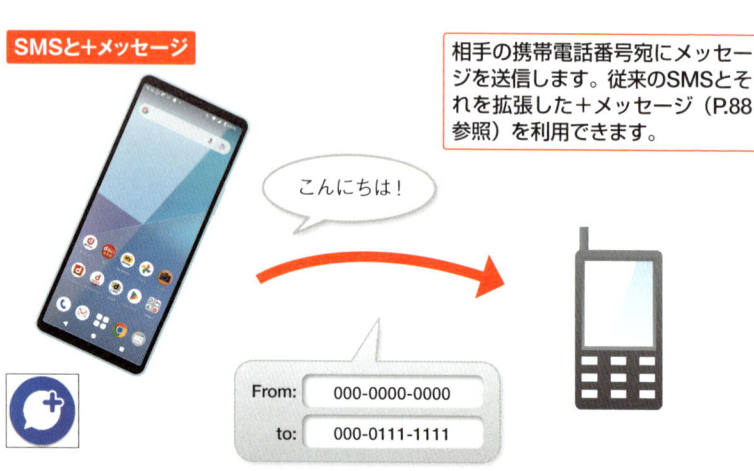

相手の携帯電話番号宛にメッセージを送信します。従来のSMSとそれを拡張した＋メッセージ（P.88参照）を利用できます。

こんにちは！

From: 000-0000-0000
to: 000-0111-1111

Gmail

Googleが提供するメールです。Xperia 10 VIにGoogleアカウントを設定すればすぐに利用できます。

こんにちは〜

From: sample@gmail.com
to: xxxx@xxx.xxx

PCメール

パソコンで使用しているメールが使えます。複数のメールアカウントを登録することも可能です。

こんにちは、

お元気ですか？

From: sample@gihyo.co.jp
to: xxxx@xxx.xxx

MEMO ＋メッセージについて

＋メッセージは、従来のSMSを拡張したものです。宛先に相手の携帯電話番号を指定するのはSMSと同じですが、文字だけしか送信できないSMSと異なり、スタンプや写真、動画などを送ることができます。ただし、SMSは相手を問わず利用できるのに対し、＋メッセージは、相手も＋メッセージを利用している場合のみやり取りが行えます。相手が＋メッセージを利用していない場合は、SMSとして文字のみが送信されます。

Application

ドコモメールを設定する

Xperia 10 VIでは「ドコモメール」を利用できます。ここでは、ドコモメールの初期設定方法を解説します。なお、ドコモショップなどで、すでに設定を行っている場合は、ここでの操作は必要ありません。

ドコモメールの利用を開始する

① ホーム画面で📩をタップします。「ドコモメール」アプリがインストールされていない場合は、［ダウンロード］もしくは［アップデート］をタップしてインストールを行い、［アプリ起動］をタップして、アプリを起動します。

タップする

② アクセスの許可が求められるので、［次へ］をタップします。

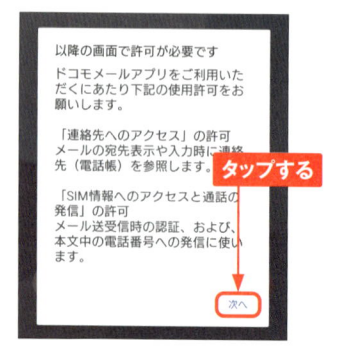

以降の画面で許可が必要です

ドコモメールアプリをご利用いただくにあたり下記の使用許可をお願いします。

「連絡先へのアクセス」の許可
メールの宛先表示や入力時に連絡先（電話帳）を参照します。

タップする

「SIM情報へのアクセスと通話の発信」の許可
メール送受信時の認証、および、本文中の電話番号への発信に使います。

次へ

③ ［許可］を何回かタップして進みます。

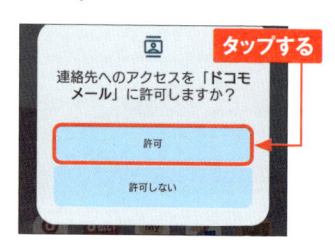

タップする

連絡先へのアクセスを「ドコモメール」に許可しますか？

許可

許可しない

④ 「利用者情報の取扱い」に関する文書が表示されたら確認のうえ、［利用開始］をタップします。

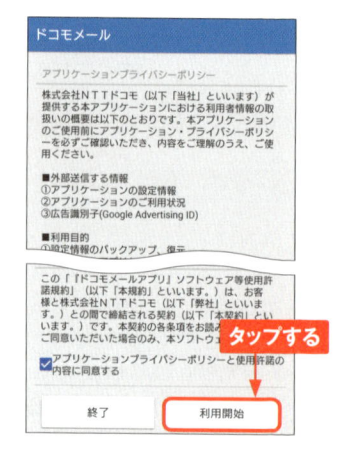

ドコモメール

アプリケーションプライバシーポリシー

株式会社ＮＴＴドコモ（以下「当社」といいます）が提供する本アプリケーションにおける利用者情報の取扱いの概要は以下のとおりです。本アプリケーションのご使用前にアプリケーション・プライバシーポリシーを必ずご確認いただき、内容をご理解のうえ、ご使用ください。

■外部送信する情報
①アプリケーションの設定情報
②アプリケーションのご利用状況
③広告識別子(Google Advertising ID)

■利用目的
①設定情報のバックアップ、復元

この「『ドコモメールアプリ』ソフトウェア等使用許諾規約」（以下「本規約」といいます。）は、お客様と株式会社ＮＴＴドコモ（以下「弊社」といいます。）との間で締結される契約（以下「本契約」といいます。）です。本契約の各条項をお読み、ご同意いただいた場合のみ、本ソフトウ

タップする

☑ アプリケーションプライバシーポリシーと使用許諾の内容に同意する

終了　　　利用開始

◆ 電子書籍・雑誌を 読んでみよう！

| 技術評論社　GDP | 検索 |

で検索、もしくは左のQRコード・下の
URLからアクセスできます。

https://gihyo.jp/dp

1 アカウントを登録後、ログインします。
【外部サービス（Google、Facebook、Yahoo!JAPAN）
でもログイン可能】

2 ラインナップは入門書から専門書、
趣味書まで 3,500点以上！

3 購入したい書籍を 🛒 カート に入れます。

4 お支払いは「**PayPal**」にて決済します。

5 さあ、電子書籍の
読書スタートです！

●**ご利用上のご注意**　当サイトで販売されている電子書籍のご利用にあたっては、以下の点にご留意く
■**インターネット接続環境**　電子書籍のダウンロードについては、ブロードバンド環境を推奨いたします。
■**閲覧環境**　PDF版については、Adobe ReaderなどのPDFリーダーソフト、EPUB版については、EPUBリ
■**電子書籍の複製**　当サイトで販売されている電子書籍は、購入した個人のご利用を目的としてのみ、閲覧、
ご覧いただく人数分をご購入いただきます。
■**改ざん・複製・共有の禁止**　電子書籍の著作権はコンテンツの著作権者にありますので、許可を得ない改ざ

◆ **Software Design** も電子版で読める！

電子版定期購読が
お得に楽しめる！

くわしくは、
「**Gihyo Digital Publishing**」
のトップページをご覧ください。

🎁 電子書籍をプレゼントしよう！

Gihyo Digital Publishing でお買い求めいただける特定の商品と引き替えが可能な、ギフトコードをご購入いただけるようになりました。おすすめの電子書籍や電子雑誌を贈ってみませんか？

こんなシーンで…　　●ご入学のお祝いに　●新社会人への贈り物に
●イベントやコンテストのプレゼントに　………

●**ギフトコードとは？**　Gihyo Digital Publishing で販売している商品と引き替えできるクーポンコードです。コードと商品は一対一で結びつけられています。

くわしい**ご利用方法**は、「**Gihyo Digital Publishing**」をご覧ください。

トのインストールが必要となります。
利を行うことができます。法人・学校での一括購入においても、利用者1人につき1アカウントが必要となり、
への譲渡、共有はすべて著作権法および規約違反です。

電脳会議

紙面版

新規送付の
お申し込みは…

| 電脳会議事務局 | 検索 |

で検索、もしくは以下の QR コード・URL から
登録をお願いします。

https://gihyo.jp/site/inquiry/dennou

一切
無料！

「電脳会議」紙面版の送付は送料含め費用は
一切無料です。
登録時の個人情報の取扱については、株式
会社技術評論社のプライバシーポリシーに準
じます。

技術評論社のプライバシーポリシー
はこちらを検索。

https://gihyo.jp/site/policy/

技術評論社　電脳会議事務局
〒162-0846　東京都新宿区市谷左内町21-13

⑤ 「ドコモメールアプリ更新情報」画面が表示されたら、[閉じる] をタップします。

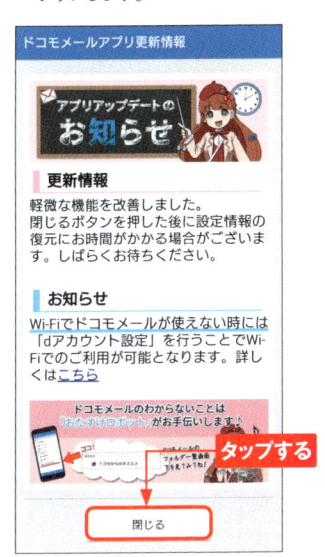

⑥ 「文字サイズ設定」画面が表示されたら、使用したい文字サイズをタップし、[OK] をタップします。

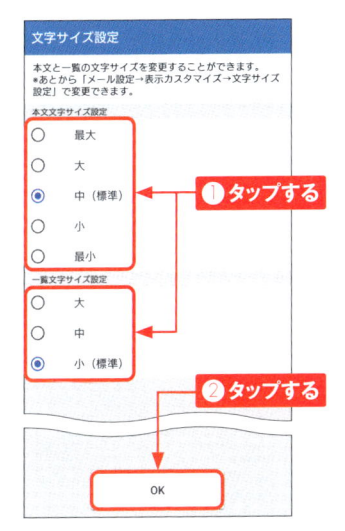

⑦ 「フォルダー一覧」画面が表示され、ドコモメールが利用できるようになります。次回からは、P.76手順①で✉をタップするだけでこの画面が表示されます。

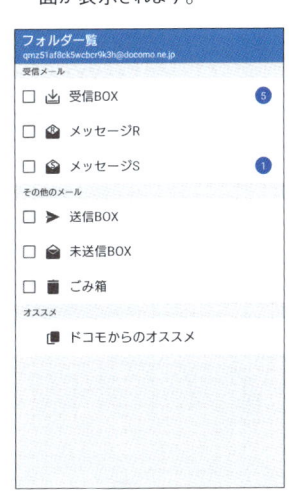

MEMO ドコモアプリのアップデート

[ドコモメール] や [dマーケット] などのドコモ関連アプリは、「設定」アプリからもアップデートを行うことができます（P.121参照）。

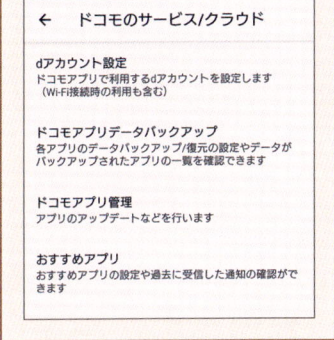

■ ドコモメールのメールアドレスを変更する

1 P.180を参考にあらかじめWi-Fi をオフにしておきます。新規契約 の場合など、メールアドレスを変 更したい場合は、ホーム画面で ✉をタップします。

2 「フォルダ一覧」画面が表示され ます。画面右下の[その他]をタッ プします。

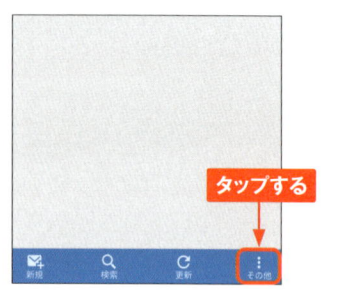

3 [メール設定]をタップします。

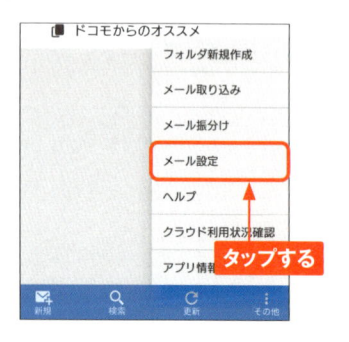

4 [ドコモメール設定サイト]をタップ します。

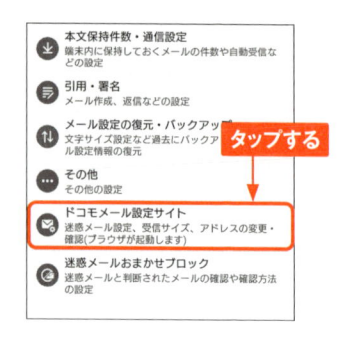

5 「メール設定」画面が表示された ら、[メール設定内容の確認]を タップします。

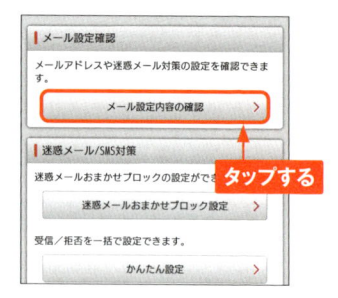

6 「メール設定」画面で画面を上方 向にスクロールして、[メールアド レスの変更]をタップします。

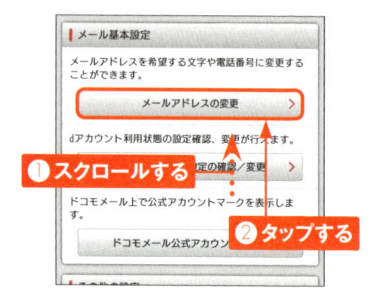

⑦ 画面を上方向にスクロールして、メールアドレスの変更方法をタップして選択します。ここでは[自分で希望するアドレスに変更する]をタップします。

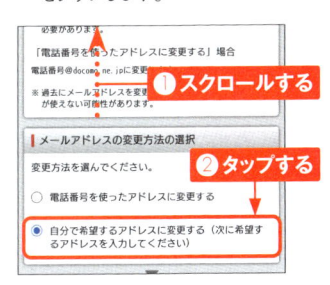

⑧ 画面を上方向にスクロールして、希望するメールアドレスを入力し、[確認する]をタップします。

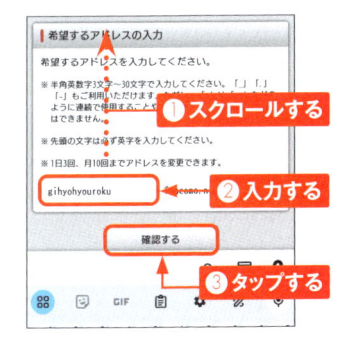

⑨ [設定を確定する]をタップします。なお、[修正する]をタップすると、手順⑧の画面でアドレスを修正して入力できます。

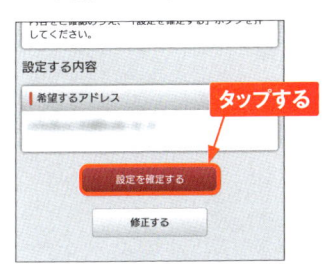

⑩ メールアドレスが変更されました。[反映された設定内容]に変更後のメールアドレスが表示されます。

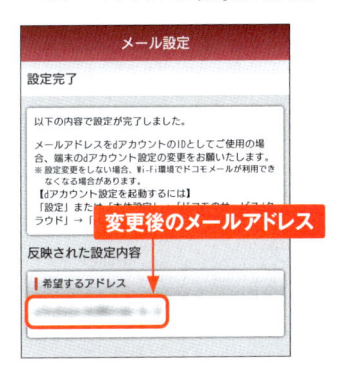

⑪ あとでメールアドレスを確認したい場合は、P.78手順⑤で[メール設定内容の確認]をタップすると、その時点のメールアドレスが確認できます。

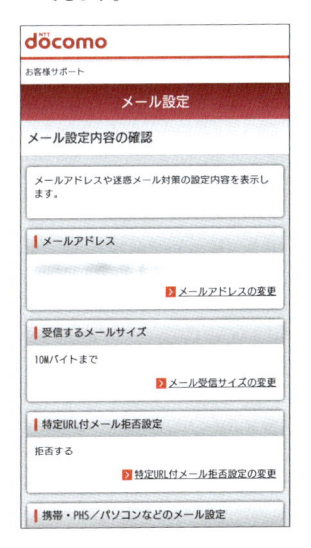

⑫ 「マイアドレス」画面で[マイアドレス情報を更新]をタップし、更新が完了したら[OK]をタップします。

79

ドコモメールを利用する

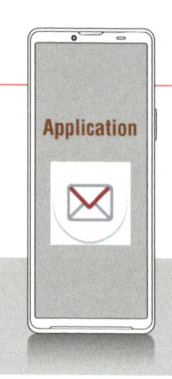

Application

P.76 ～ 77で変更したメールアドレスで、ドコモメールを使ってみましょう。ほかの携帯電話とほとんど同じ感覚で、メールの新規作成や閲覧、返信が行えます。

ドコモメールを新規作成する

1 ホーム画面で🖂をタップします。

タップする

2 画面左下の ［新規］ をタップします。［新規］が表示されないときは、◀ を何度かタップします。

タップする

3 新規メールの 「作成」 画面が表示されるので、🔳 をタップします。「To」 欄に直接メールアドレスを入力することもできます。

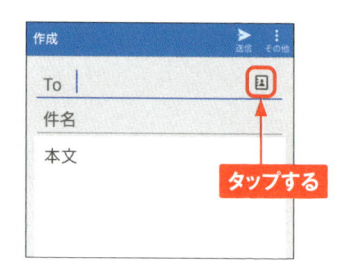

タップする

4 電話帳に登録した連絡先のアドレスが名前順に表示されるので、送信したい宛先をタップしてチェックを付け、［決定］ をタップします。履歴から宛先を選ぶこともできます。

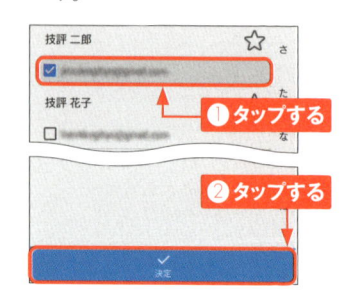

技評 二郎

❶ タップする

技評 花子

❷ タップする

決定

5 「件名」欄をタップして、タイトルを入力し、「本文」欄をタップします。

6 メールの本文を入力します。

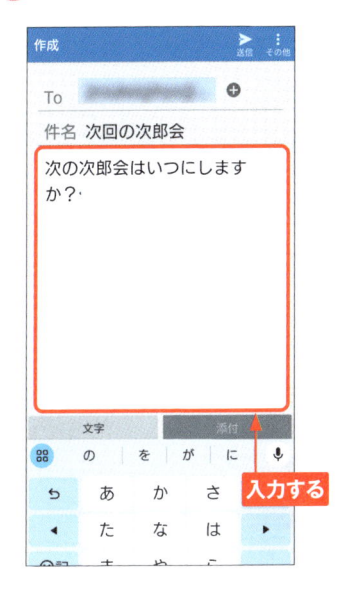

7 [送信] をタップすると、メールを送信できます。なお、[添付]をタップすると、写真などのファイルを添付できます。

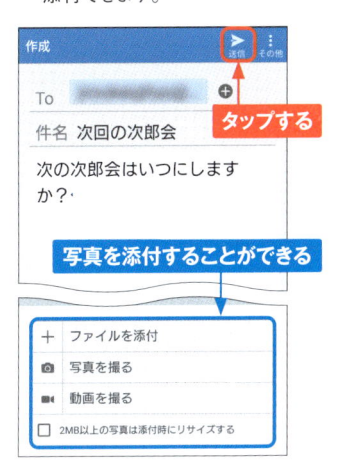

MEMO 文字サイズの変更

メール本文や一覧表示時の文字サイズを変更するには、P.78 手順②で画面右下の [その他] をタップし、[メール設定] → [表示カスタマイズ] → [文字サイズ設定] の順にタップして、好みの文字サイズをタップします。

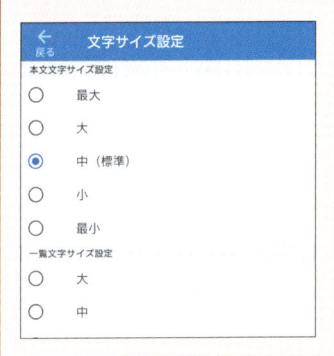

3

受信したメールを閲覧する

(1) メールを受信するとステータスバーにドコモメールの通知が表示されます。 ☑をタップします。

ドコモメールの通知

タップする

(2) 「フォルダ一覧」画面が表示されたら、[受信BOX] をタップします。

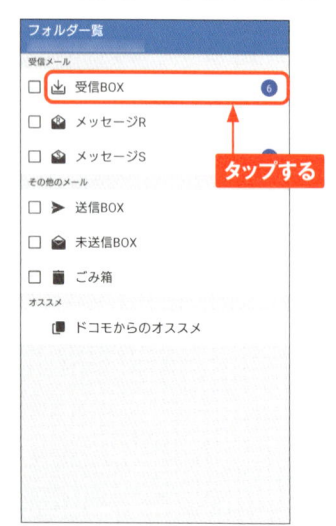

タップする

(3) 受信したメールの一覧が表示されます。 内容を閲覧したいメールをタップします。

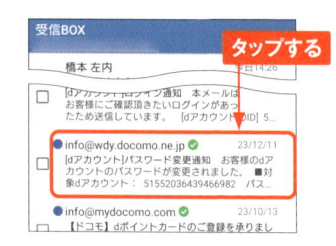

タップする

(4) メールの内容が表示されます。 宛先横の☑をタップすると、宛先のアドレスと件名が表示されます。

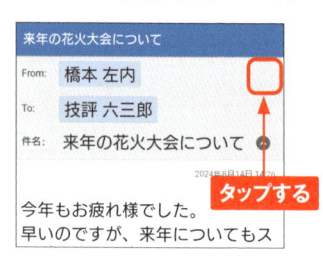

タップする

MEMO メールの削除

「受信BOX」画面で削除したいメールの左にある□をタップしてチェックを付け、画面下部のメニューから [削除] をタップすると、メールを削除できます。

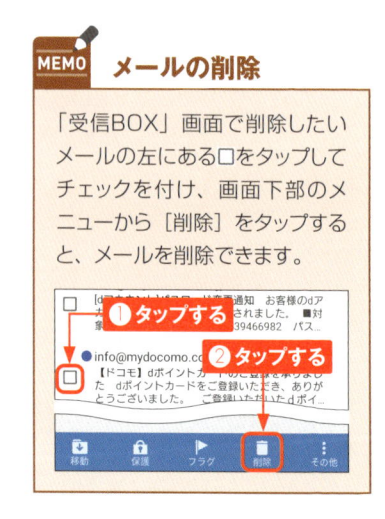

① タップする
② タップする

受信したメールに返信する

1 P.80を参考に受信したメールを表示し、画面左下の［返信］をタップします。

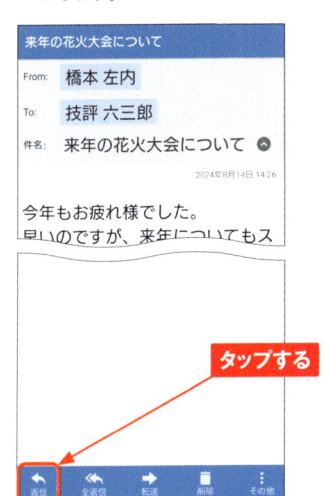

3 ［送信］をタップすると、メールの返信が行えます。

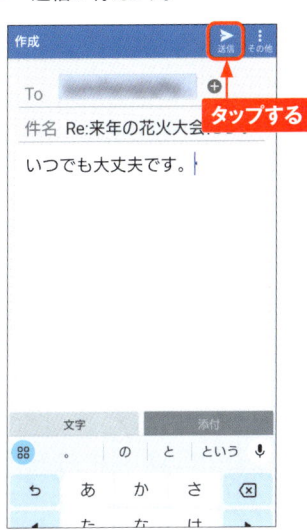

2 「作成」画面が表示されるので、相手に返信する本文を入力します。

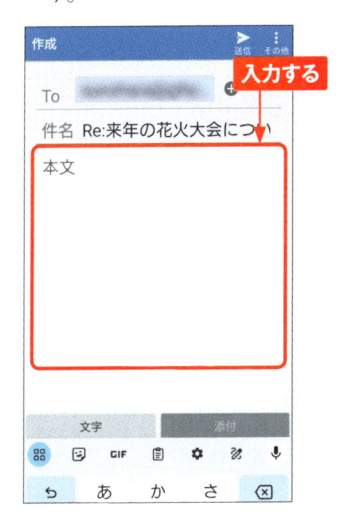

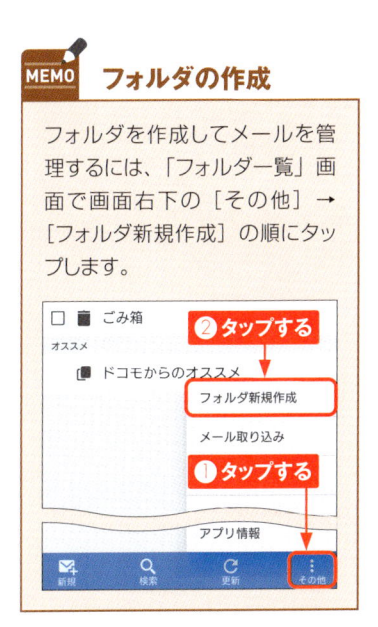

Application

メールを自動振分けする

ドコモメールは、送受信したメールを任意のフォルダへ自動的に振分けることも可能です。ここでは、振分けルールの作成手順を解説します。

振分けルールを作成する

① 「フォルダ一覧」画面で画面右下の［その他］をタップし、［メール振分け］をタップします。

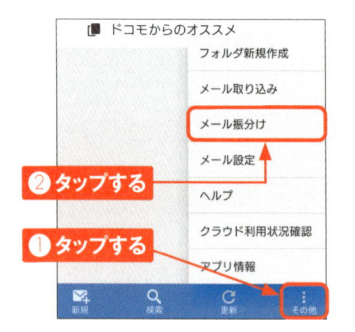

③ ［受信メール］または［送信メール］（ここでは［受信メール］）をタップします。

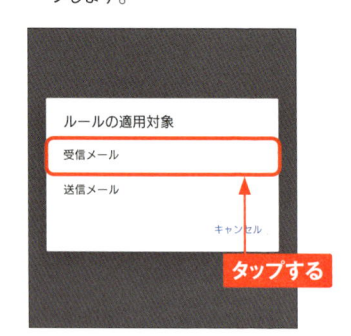

② 「振分けルール」画面が表示されるので、［新規ルール］をタップします。

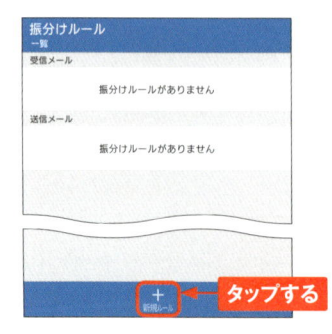

MEMO 振分けルールの作成

ここでは、「『件名』に『重要』というキーワードが含まれるメールを受信したら、自動で『要確認』フォルダに移動させる」という振分けルールを作成しています。なお、手順③で［送信メール］をタップすると、送信済みメールの振分けルールを作成できます。

④ 「振分け条件」の［新しい条件を追加する］をタップします。

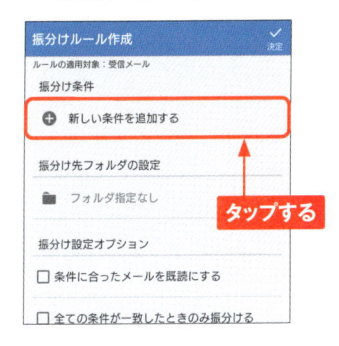

⑤ 振分けの条件を設定します。「対象項目」のいずれか（ここでは、［件名で振り分ける］）をタップします。

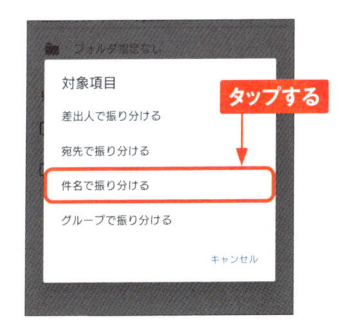

⑥ 任意のキーワード（ここでは「重要」）を入力して、［決定］をタップします。

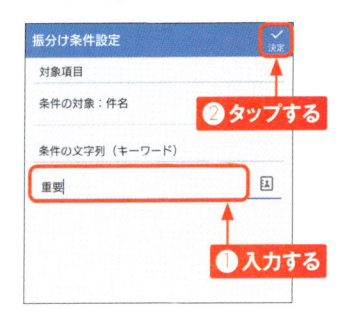

⑦ 手順④の画面に戻るので［フォルダ指定なし］をタップし、［振分け先フォルダを作る］をタップします。

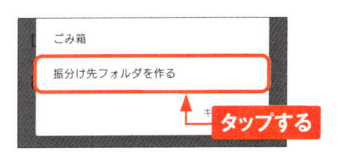

⑧ フォルダ名（ここでは、「要確認」）を入力し、［決定］をタップします。「確認」画面が表示されたら、［OK］をタップします。

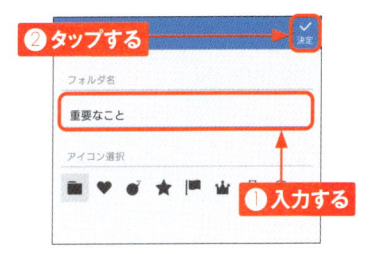

⑨ ［決定］をタップします。

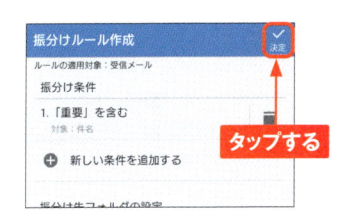

⑩ 振分けルールが新規登録されます。

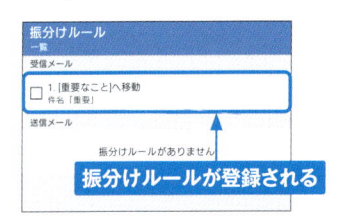

Application

迷惑メールを防ぐ

ドコモメールでは、迷惑メール対策機能が用意されています。ここでは、ドコモがおすすめする内容で一括して設定してくれる「かんたん設定」の設定方法を解説します。利用は無料です。

迷惑メール対策を設定する

① P.180を参考にあらかじめWi-Fiをオフにしておきます。ホーム画面で📧をタップします。

タップする

② 「フォルダー覧」画面で画面右下の［その他］をタップし、［メール設定］をタップします。

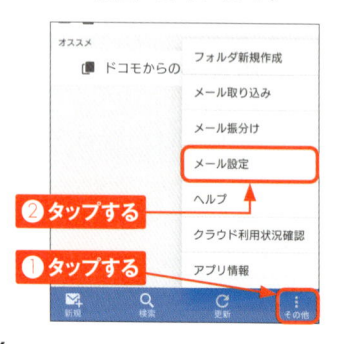

❷タップする

❶タップする

③ ［ドコモメール設定サイト］をタップします。

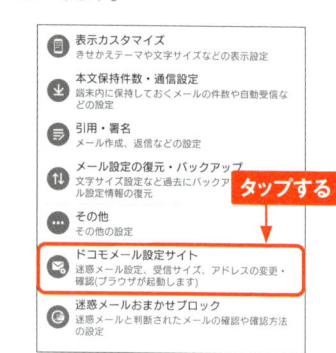

タップする

④ 「本人確認」画面が表示されたら、［次へ］をタップします。「パスワード確認」画面が表示されたら、dアカウントのパスワードを入力して、［パスワード確認］をタップします。

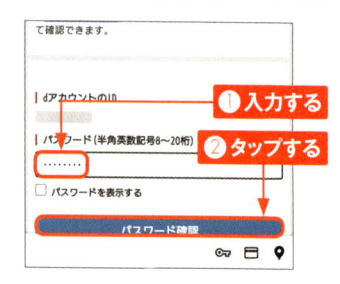

❶入力する

❷タップする

⑤ 「メール設定」画面で［かんたん設定］をタップします。

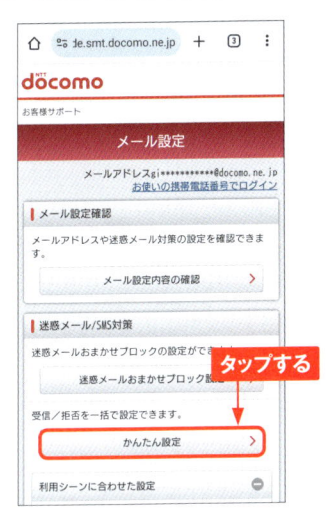

⑥ ［受信拒否 強］もしくは［受信拒否 弱］をタップし、［確認する］をタップします。パソコンとのメールのやりとりがある場合は［受信拒否 強］だと必要なメールが届かなくなる場合があります。

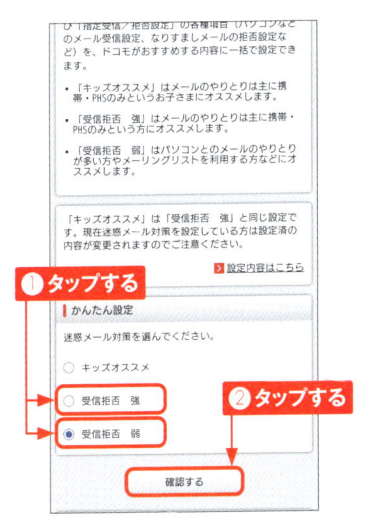

⑦ 設定した内容を確認し、［設定を確定する］をタップします。

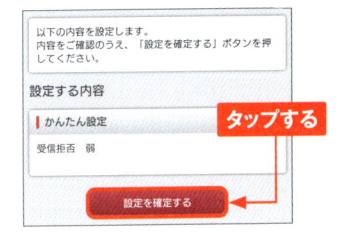

⑧ 設定内容の詳細が表示されます。

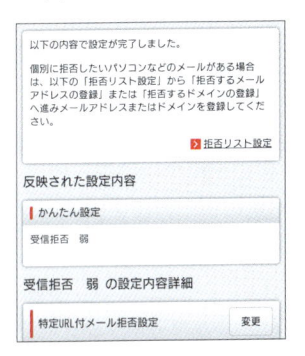

🔖 MEMO 迷惑メールおまかせブロックとは

ドコモでは、迷惑メール対策の「かんたん設定」のほかに、迷惑メールを自動で判定してブロックする「迷惑メールおまかせブロック」という、より強力なサービスがあります。月額利用料金は220円ですが、これは「あんしんセキュリティ」の料金なので、同サービスを契約していれば、「迷惑メールおまかせブロック」も追加料金不要で利用できます。

Application

＋メッセージを利用する

「＋メッセージ」アプリでは、携帯電話番号を使って、テキストや写真、スタンプなどをやり取りできます。相手が「＋メッセージ」アプリを使用していない場合は、SMSでテキストのみのやり取りが可能です。

＋メッセージとは

Xperia 10 VIでは、「＋メッセージ」アプリで＋メッセージとSMS（ショートメッセージサービス）が利用できます。＋メッセージでは文字が全角2,730文字、そのほかに100MBまでの写真や動画、スタンプ、音声メッセージをやり取りでき、グループメッセージや現在地の送受信機能もあります。パケットを使用するため、パケット定額のコースを契約していれば、とくに料金は発生しません。なお、SMSではテキストメッセージしか送れず、別途送信料もかかります。また、＋メッセージは、相手も＋メッセージを利用している場合のみ利用できます。SMSと＋メッセージどちらが利用できるかは自動的に判別されますが、画面の表示からも判断することができます（下図参照）。

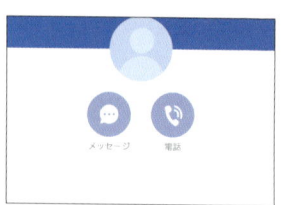

「＋メッセージ」アプリで表示される連絡先の一覧画面です。＋メッセージを利用している相手には、⟲が表示されます。プロフィールアイコンが設定されている場合は、アイコンが表示されます。

相手が＋メッセージを利用していない場合は、プロフィール画面に「＋メッセージに招待する」と表示されます（上図）。＋メッセージを利用している相手の場合は、何も表示されません（下図）。

＋メッセージを利用できるようにする

① ホーム画面を左方向にスワイプし、[＋メッセージ] をタップします。初回起動時は、＋メッセージについての説明が表示されるので、内容を確認して、[次へ] をタップしていきます。

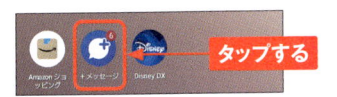

② アクセス権限のメッセージが表示されたら、[次へ] → [許可] の順にタップします。

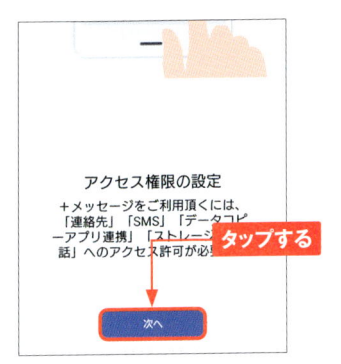

③ 利用条件に関する画面が表示されたら、内容を確認して、[同意する] をタップします。

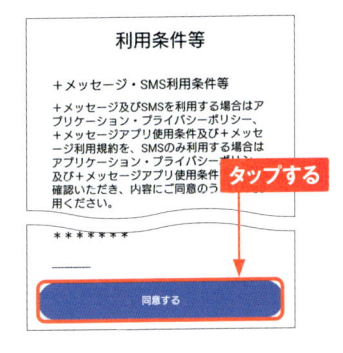

④ 「＋メッセージ」アプリについての説明が表示されたら、左方向にスワイプしながら、内容を確認します。

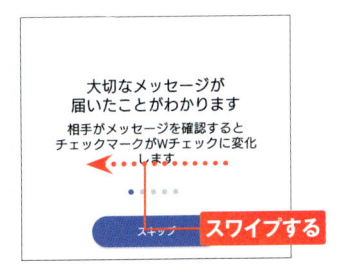

⑤ 「プロフィール（任意）」画面が表示されます。名前などを入力し、[OK] をタップします。プロフィールは、設定しなくてもかまいません。

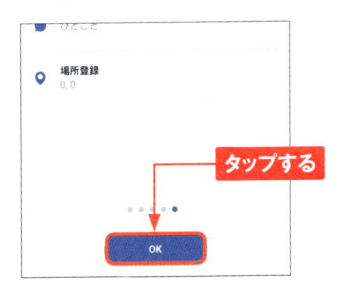

⑥ 「＋メッセージ」アプリが起動します。

■ メッセージを送信する

1 P.89手順①を参考にして、「＋メッセージ」アプリを起動します。新規にメッセージを作成する場合は［メッセージ］をタップして、⊕をタップします。

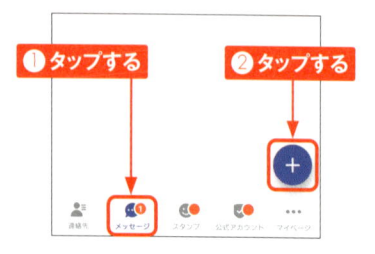

❶タップする　❷タップする

2 ［新しいメッセージ］をタップします。

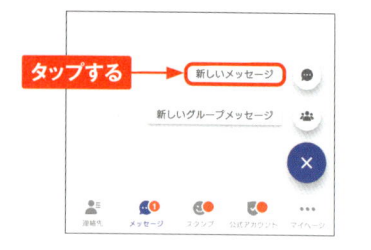

タップする → 新しいメッセージ

3 「新しいメッセージ」画面が表示されます。メッセージを送りたい相手をタップします。「名前や電話番号を入力」をタップし、電話番号を入力して、送信先を設定することもできます。

タップする

4 ［メッセージを入力］をタップして、メッセージを入力し、▶をタップします。

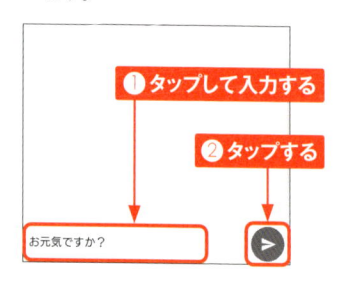

❶タップして入力する　❷タップする

お元気ですか？

5 メッセージが送信され、画面の右側に表示されます。

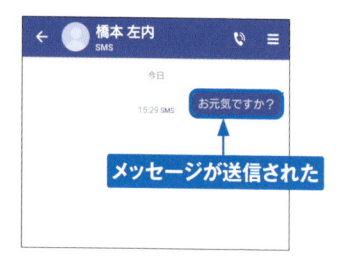

橋本 左内
SMS
今日
15:29 SMS　お元気ですか？

メッセージが送信された

MEMO 写真やスタンプの送信

「＋メッセージ」アプリでは、写真やスタンプを送信することもできます。写真を送信したい場合は、手順④の画面で⊕→🖼の順にタップして、送信したい写真をタップして選択し、▶をタップします。スタンプを送信したい場合は、手順④の画面で☺をタップして、送信したいスタンプをタップして選択し、▶をタップします。

メッセージを返信する

1 メッセージが届くと、ステータスバーに＋メッセージの通知が表示されます。ステータスバーを下方向にドラッグします。

2 通知パネルに表示されているメッセージの通知をタップします。

3 受信したメッセージが画面の左側に表示されます。メッセージを入力して、▶をタップすると、相手に返信できます。

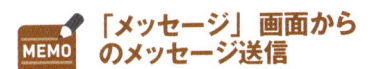

3

MEMO 「メッセージ」画面からのメッセージ送信

「＋メッセージ」アプリで相手とやり取りすると、「メッセージ」画面にやり取りした相手が表示されます。以降は、「メッセージ」画面から相手をタップすることで、メッセージの送信が行えます。

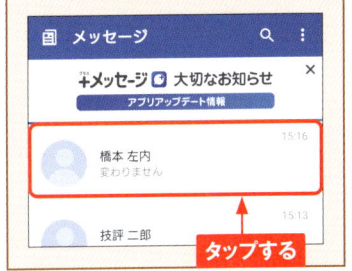

Gmailを利用する

Application

Xperia 10 VIにGoogleアカウントを登録しておけば（Sec.10参照）、すぐにGmailを利用することができます。パソコンのWebブラウザからも利用することが可能です（https://mail.google.com/）。

受信したメールを閲覧する

① ホーム画面で［Google］フォルダをタップし、［Gmail］をタップします。「Gmailの新機能」画面が表示された場合は、［OK］→［GMAILに移動］の順にタップします。

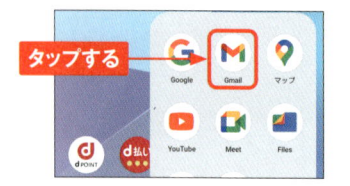

タップする

② Google Meetに関する画面が表示されたら［OK］をタップすると、受信トレイが表示されます。画面を上方向にスクロールして、読みたいメールをタップします。

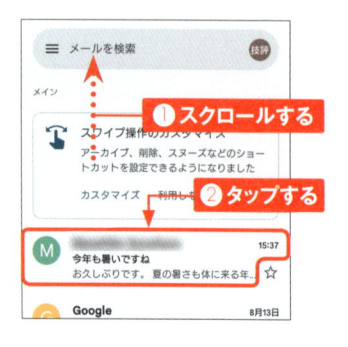

❶ スクロールする
❷ タップする

③ メールの差出人やメール受信日時、メール内容が表示されます。画面左上の←をタップすると、受信トレイに戻ります。なお、↩をタップすると、返信することもできます。

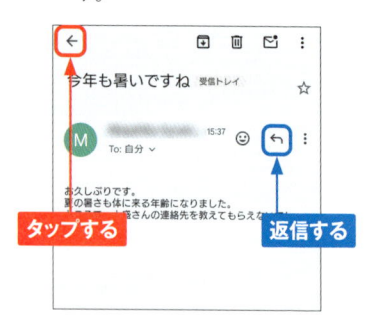

タップする　　返信する

MEMO Googleアカウントの設定

Gmailを使用する前に、Sec.10の方法であらかじめXperia 10 VIに自分のGoogleアカウントを設定しましょう。すでにGmailを使用している場合は、受信トレイの内容がそのままXperia 10 VIでも表示されます。

メールを送信する

① P.92を参考に［受信トレイ］または［メイン］などの画面を表示して、［作成］をタップします。

② メールの「作成」画面が表示されます。［To］をタップして、メールアドレスを入力します。表示される候補をタップします。

③ 件名とメールの内容を入力し、▷をタップすると、メールが送信されます。

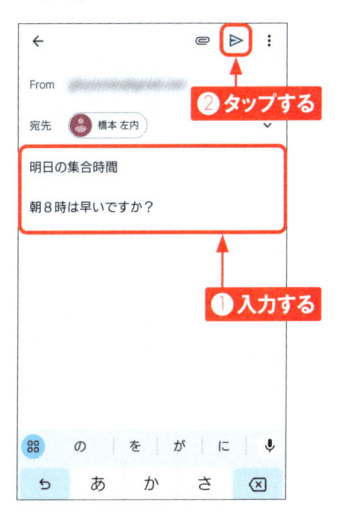

MEMO ビデオ会議の利用

手順①の画面右下の📹をタップすると、Googleの提供するビデオ会議サービスの「Google Meet」が利用できます（P.114参照）。

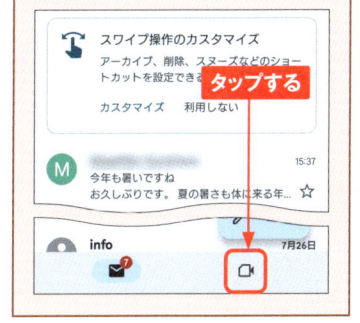

Yahoo!メール・PCメールを設定する

Application

「Gmail」アプリを利用すれば、パソコンで使用しているメールを送受信することができます。ここでは、Yahoo!メールの設定方法と、PCメールの設定方法を解説します。

Yahoo!メールを設定する

① あらかじめYahoo!メールのアカウント情報を準備しておきます。「Gmail」アプリを起動し、画面左端から右方向にスワイプする、または左上の☰をタップして、[設定]をタップします。

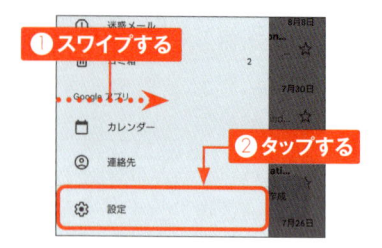

① スワイプする
② タップする

② [アカウントを追加する]をタップします。

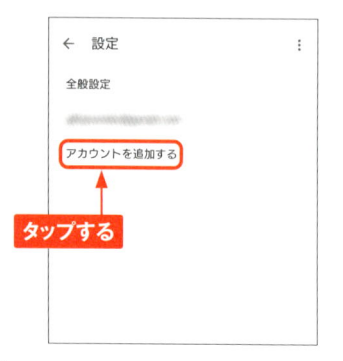

タップする

③ [Yahoo]をタップします。

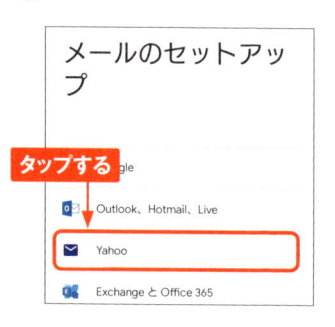

メールのセットアップ

タップする

Outlook、Hotmail、Live

Yahoo

Exchange と Office 365

④ Yahoo!メールのメールアドレスを入力して、[続ける]をタップし、画面の指示に従って設定します。

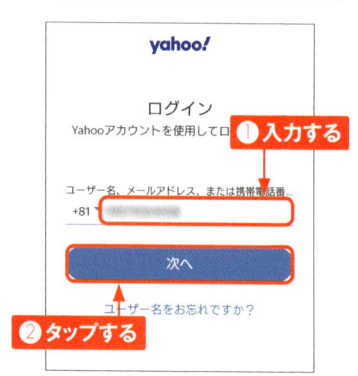

yahoo!

ログイン
Yahooアカウントを使用してロ

① 入力する

ユーザー名、メールアドレス、または携帯電話番号
+81

次へ

ユーザー名をお忘れですか？

② タップする

PCメールを設定する

(1) P.94手順③の画面で［その他］をタップします。

(3) アカウントの種類を選択します。ここでは、［個人用（POP3)］をタップします。

(2) PCメールのメールアドレスを入力して、［次へ］をタップします。

(4) パスワードを入力して、［次へ］をタップします。

⑤ プロバイダーなどの契約書などを確認し、ユーザー名や受信サーバーを入力して、[次へ]をタップします。

M

受信サーバーの設定

ユーザー名

パスワード ●●●●●●●●●●●●

サーバー pop2.cm.dream.jp

サーバーからメールを削除

❶入力する

次へ

❷タップする

q w e r t y u i o p
a s d f g h j k l

⑥ 送信サーバーを入力して、[次へ]をタップします。

送信サーバーの設定

ログインが必要

ユーザー名

パスワード ●●●●●●●●●●●● ×

SMTP サーバー vsmtp2.cm.dream.jp

❶入力する

次へ

❷タップする

q w e r t y u i o p
a s d f g h j k l
↑ z x c v b n m ✕

⑦ 「アカウントのオプション」画面が表示されます。[次へ]をタップします。

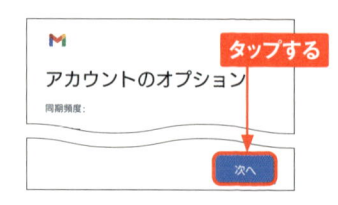

M

アカウントのオプション

同期頻度：

タップする

次へ

⑧ アカウントの設定が完了します。[次へ]→[後で]の順にタップすると、P.94手順②の画面に戻ります。

アカウントの設定が完了しました。

アカウント名（省略可） gihyotaro@dream.jp

タップする

次へ

MEMO アカウントの表示切り替え

設定したアカウントに切り替えるには、受信トレイで右上のアイコンをタップし、表示したいアカウントをタップします。

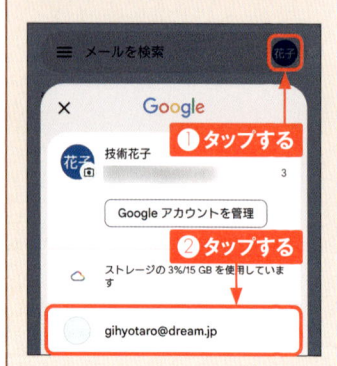

☰ メールを検索

× Google

技術花子

❶タップする

3

Google アカウントを管理

❷タップする

ストレージの 3%/15 GB を使用しています

gihyotaro@dream.jp

3

Googleのサービスを
使いこなす

Google Playで アプリを検索する

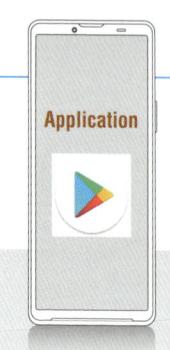

Application

Xperia 10 VIは、Google Playに公開されているアプリをインストールすることで、さまざまな機能を利用することができます。まずは、目的のアプリを探す方法を解説します。

■ アプリを検索する

1 ホーム画面で［Playストア］をタップします。

タップする

2 「Playストア」アプリが起動するので、［アプリ］をタップし、［カテゴリ］をタップします。

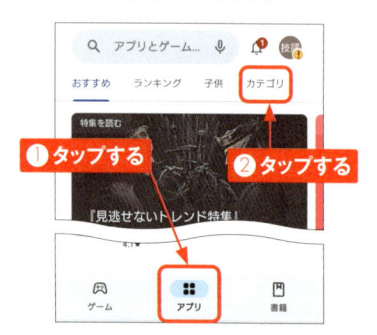

❶ タップする
❷ タップする

3 アプリのカテゴリが表示されます。画面を上下にスクロールします。

スクロールする

4 見たいジャンル（ここでは［ニュース&雑誌］）をタップします。

タップする

⑤ 「ニュース&雑誌」のアプリが表示されます。「人気のニュース&雑誌アプリ（無料）」の→をタップします。

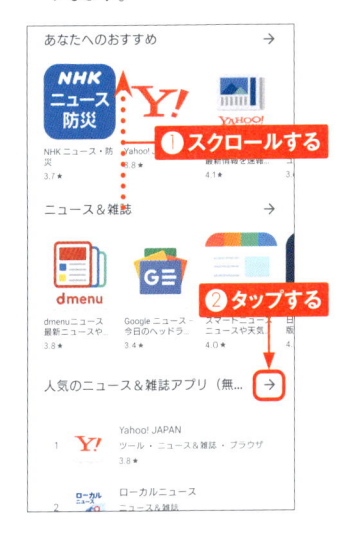

⑥ 「無料」のアプリが一覧で表示されます。詳細を確認したいアプリをタップします。

⑦ アプリの詳細な情報が表示されます。上方向にスクロールするとユーザーレビューも読めます。

MEMO　キーワードでの検索

Google Playでは、キーワードからアプリを検索できます。検索機能を利用するには、P.98手順②の画面で画面上部の検索ボックスをタップし、キーワードを入力して、Qをタップします。

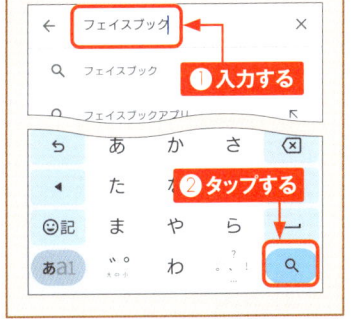

アプリをインストール・アンインストールする

Application

Google Playで目的の無料アプリを見つけたら、インストールしてみましょう。なお、不要になったアプリは、Google Playからアンインストール（削除）できます。

アプリをインストールする

① Google Playでアプリの詳細画面を表示し（P.99手順⑥〜⑦参照）、［インストール］をタップします。

タップする

② 初回は「アカウント設定の完了」画面が表示されるので、［次へ］をタップします。支払い方法の選択では［スキップ］をタップします。

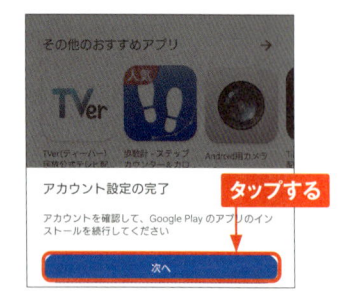

タップする

③ アプリのダウンロードとインストールが開始されます。

アプリがインストールされる

④ アプリのインストールが完了します。アプリを起動するには、［開く］をタップするか、アプリ一覧画面に追加されたアイコンをタップします。

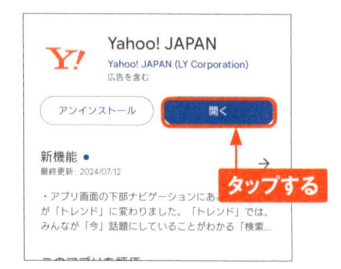

タップする

📘 アプリをアップデートする／アンインストールする

● アプリをアップデートする

① 「Google Play」のトップ画面で右上のアカウントアイコンをタップし、表示されるメニューの［アプリとデバイスの管理］をタップします。

② アップデート可能なアプリがある場合、［アップデート利用可能］と表示されます。［すべて更新］をタップすると、アプリが一括で更新されます。［詳細を表示］をタップすると、アップデート可能なアプリを一覧で確認できます。

● アプリをアンインストールする

① 左記手順②の画面で［管理］をタップし、アンインストールしたいアプリをタップします。

② アプリの詳細が表示されます。［アンインストール］をタップし、［アンインストール］をタップするとアプリがアンインストールされます。

 MEMO ドコモのアプリのアップデートとアンインストール

ドコモから提供されているアプリは、上記の方法ではアップデートやアンインストールが行えないことがあります。詳しくは、P.121を参照してください。

有料アプリを購入する

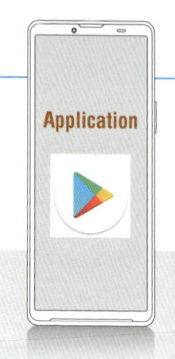

Application

有料アプリを購入する場合、「ドコモのキャリア決済」「クレジットカード」「Google Playギフトカード」などの支払い方法が選べます。ここでは、クレジットカードを登録する方法を解説します。

クレジットカードで有料アプリを購入する

① ［Playストア］をタップします。Sec.33を参照して有料アプリを検索します。有料アプリは［¥1,000］のように価格が表示されるのでタップします。

② ［カードを追加］をタップします。

③ 「カードを追加」画面で「カード番号」と「有効期限」、「CVCコード」を入力し［保存］をタップします。

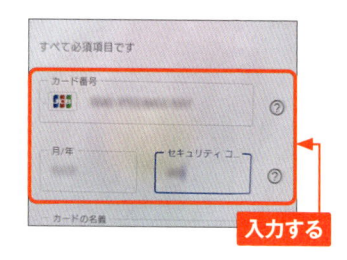

MEMO **Google Play ギフトカードとは**

コンビニなどで販売されている「Google Playギフトカード」を利用すると、プリペイド方式でアプリを購入することができます。利用するには、P.101左の手順①の画面で［お支払いと定期購入］→［コードの利用］の順にタップしGoogle Playギフトカードに記載されている16桁のギフトコードを入力し、［コードを利用］をタップします。

(4) 氏名などの入力が求められたら「クレジットカード所有者の名前」、「国名」、「郵便番号」を入力します。

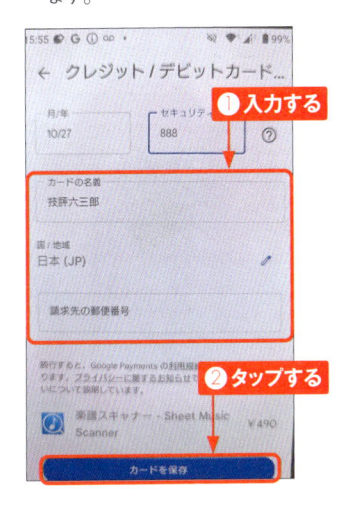

(5) [購入] または [1クリックで購入] をタップします。

(6) パスワードを求められた場合は、Googleアカウントのパスワードを入力して（Sec.10参照）[確認] をタップします。

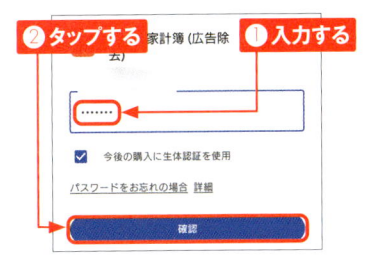

(7) 認証の確認画面が表示された場合は、[常に要求する] または [要求しない] をタップし [OK] をタップすると、ダウンロードとインストールが開始されます。

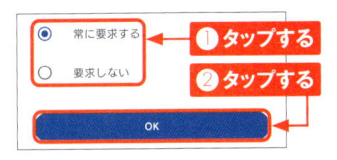

MEMO 購入したアプリの払い戻し

有料アプリは、購入してから2時間以内であれば、返品して全額払い戻しを受けることができます。返品するには、P.101右側手順①を参考に購入したアプリの詳細画面を表示し、[払い戻し] をタップして、次の画面で [払い戻しをリクエスト]をタップします。なお、払い戻しできるのは、1つのアプリにつき1回だけです。

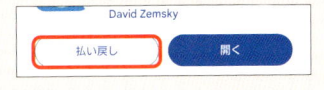

Googleマップを使いこなす

Application

Googleマップを利用すれば、自分の今いる場所や、現在地から目的地までの道順を地図上に表示できます。なお、Googleマップのバージョンによっては、本書と表示内容が異なる場合があります。

「マップ」アプリを利用する準備を行う

① P.18を参考に「設定」アプリを起動して、上にスクロールし[位置情報]をタップします。

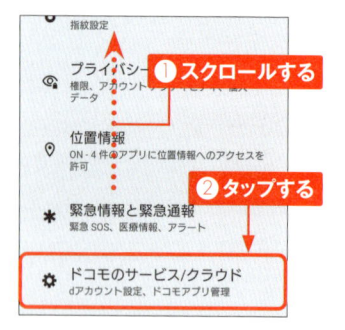

①スクロールする

②タップする

③ ●に切り替わったら、[位置情報サービス]をタップします。

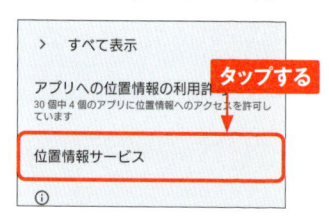

タップする

② [位置情報を使用]が●の場合はタップします。位置情報についての同意画面が表示されたら、[同意する]をタップします。

タップする

④ 「Google位置情報の精度」「Wi-Fiスキャン」「Bluetoothのスキャン」の設定がONになっていると位置情報の精度が高まります。その分バッテリーを消費するので、タップして設定を変更することもできます。

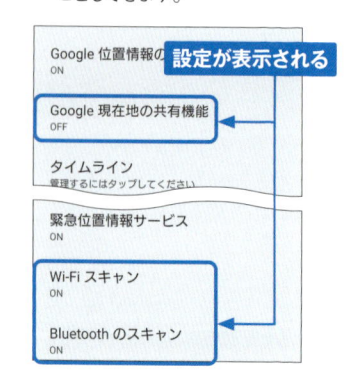

設定が表示される

現在地を表示する

1 ホーム画面で［Google］フォルダをタップし、［マップ］をタップします。

2 「マップ」アプリが起動します。◉をタップします。

3 初回はアクセス許可の画面が表示されるので、［正確］をタップし、［アプリの使用時のみ］をタップします。

4 現在地が表示されます。地図の拡大はピンチアウト、縮小はピンチインで行います。スクロールすると表示位置を移動できます。

目的の施設を検索する

1 検索ボックスをタップします。

2 探したい施設名などを入力し、をタップします。

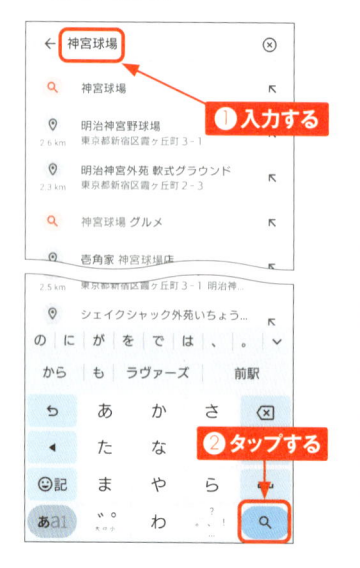

3 該当する施設が一覧で表示されます。上下にスクロールして、気になる施設名をタップします。

4 選択した施設の情報が表示されます。上下にスクロールすると、より詳細な情報を表示できます。

目的地までのルートを検索する

1 P.106を参考に目的地を表示し、[経路] をタップします。

2 移動手段（ここでは🚃）をタップします。出発地を現在地から変えたい場合は、[現在地] をタップして変更します。ルートが一覧表示されるので、利用したいルートをタップします。

3 目的地までのルートが地図で表示されます。画面下部を上方向へスクロールします。

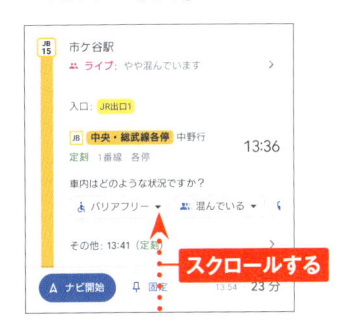

4 ルートの詳細が表示されます。下方向へスクロールすると、手順③の画面に戻ります。◀ を何度かタップすると、地図に戻ります。

MEMO ナビの利用

「マップ」アプリには、「ナビ」機能が搭載されています。手順③や④の画面に表示される [ナビ開始] をタップすると、目的地までのルートを音声ガイダンス付きで案内してくれます。

Googleアシスタントを利用する

Application

Xperia 10 VIでは、Googleの音声アシスタントサービス「Googleアシスタント」を利用できます。キーワードによる検索やXperia 10 VIの設定変更など、音声でさまざまな操作をすることができます。

Googleアシスタントを利用する

① 電源キーを長押しするか、□をロングタッチします。

ロングタッチする

② Googleアシスタントの開始画面が表示され、Googleアシスタントが利用できるようになります。

●: 次のように言ってみましょう
「リマインダーを設定して」

アシスタント機能をもっと活用しましょう　　開始

MEMO **Geminiに切り替える**

手順①で最初にGoogleアシスタントを起動した際、その上に「Geminiをお試しください」という表示が出てきます。[今すぐ試す] → [Geminiを使用] をタップすると、音声アシスタントがGoogleアシスタントからGeminiに切り替わります。GeminiからGoogleアシスタントに戻す場合は、「設定」アプリから [Google] → [Googleアプリの設定] → [検索、アシスタントと音声] → [Gemini] → [Googleのデジタルアシスタント] で切り替えます。

Googleアシスタントへの問いかけ例

Googleアシスタントを利用すると、キーワードによる検索だけでなく予定やリマインダーの設定、電話やメールの発信など、さまざまなことがXperia 10 VIに話しかけるだけで行えます。まずは、「何ができる?」と聞いてみましょう。

タップして話しかける

●調べ物

「関東近辺で紅葉がおすすめの場所は?」
「今の東京都知事は?」

●スポーツ

「大谷翔平選手の次の試合はいつ?」
「サッカー J1の順位表は?」

●経路案内

「最寄りの駅までナビして」

●楽しいこと

「和歌山のパンダの画像を見せて」
「あっちむいてホイしよう」

●設定

「アラームを設定して」

 音声でGoogleアシスタントを起動

自分の音声を登録すると、Xperia 10 VIの起動中に「OK Google(オーケーグーグル)」もしくは「Hey Google（ヘイグーグル）」と発声して、すぐにGoogleアシスタントを使うことができます。P.18を参考に「設定」アプリを起動し、[Google] → [Googleアプリの設定] → [検索、アシスタントと音声] → [Googleアシスタント] → [OK GoogleとVoice Match] → [Hey Google] の順にタップして有効にし、画面に従って音声を登録します。

紛失したXperia 10 VIを探す

Application

Xperia 10 VIを紛失してしまっても、パソコンからXperia 10 VIがある場所が確認できます。なお、この機能を利用するには事前に「位置情報を使用」を有効にしておく必要があります（P.104参照）。

「デバイスを探す」を設定する

1 P.18を参考にアプリ一覧画面を表示し、［設定］をタップします。

タップする

2 ［セキュリティ］をタップします。

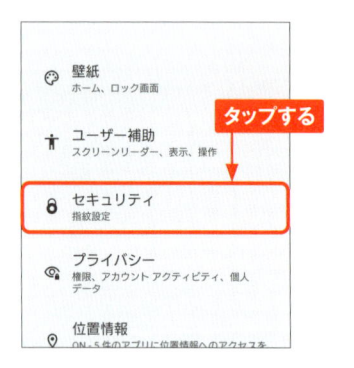

タップする

3 ［デバイスを探す］をタップします。

セキュリティ

セキュリティ ステータス

タップする

⊘ Google Play プロテクト
前回のアプリのスキャン: 11:50

◉ デバイスを探す
ON

🗐 セキュリティ アップデート
2024年6月1日

🗗 Google Play システム
アップデート

4 ［「デバイスを探す」を使用］が ⬤ になっていることを確認します。

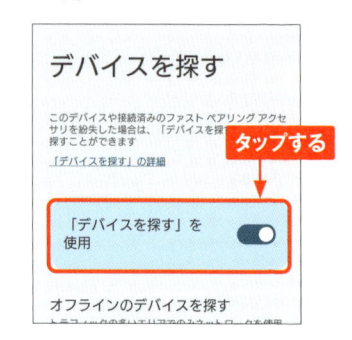

デバイスを探す

このデバイスや接続済みのファスト ペアリング アクセサリを紛失した場合は、「デバイスを探
探すことができます

「デバイスを探す」の詳細

タップする

「デバイスを探す」を
使用 ⬤

オフラインのデバイスを探す

4

■ パソコンでXperia 10 VIを探す

(1) パソコンのWebブラウザ でGoogleの「Google デバイスを探す」(https: //android.com/find) にアクセスします。

入力してアクセスする

(2) ログイン画面が表示され たら、Sec.10で設定し たGoogleアカウントを 入力し、[次へ] をクリッ クします。パスワードの 入力を求められたらパス ワードを入力し、[次へ] をクリックします。

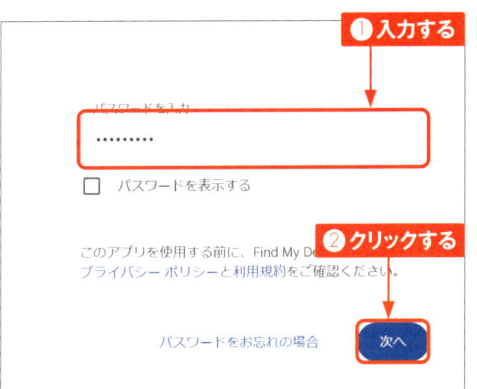

❶入力する

❷クリックする

(3) 「Googleデバイスを探 す」画面で [同意する] をクリックすると、地図が 表示され、Xperia 10 VI のおおまかな位置を確認 できます。画面左の項目 をクリックすると、音を鳴ら したり、ロックをかけたり、 Xperia 10 VIの デー タ を初期化したりできます。

クリックする

YouTubeで
世界中の動画を楽しむ

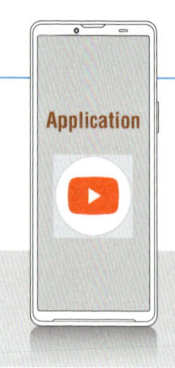

Application

世界最大の動画共有サイトであるYouTubeでは、さまざまな動画を検索して視聴することができます。横向きでの全画面表示や、一時停止、再生速度の変更なども行えます。

YouTubeの動画を検索して視聴する

1 ホーム画面で［Google］フォルダをタップし、［YouTube］をタップします。

タップする

2 通知の送信に関する画面が表示された場合は、［許可］をタップします。YouTubeのトップページが表示されるので、 をタップします。

タップする

まずは検索してみましょう
おすすめ動画を表示するには、まず動画を視聴しま

3 検索したいキーワード（ここでは「国立科学博物館」）を入力して、 をタップします。

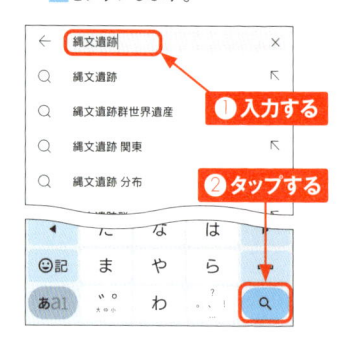

①入力する

②タップする

4 検索結果一覧の中から、視聴したい動画のサムネイルをタップします。

タップする

縄文遺跡群2024 外ヶ浜町（大平山元遺跡）最新情報
JOMON JAPAN 縄文遺跡群世界遺産本部 1088 回視聴 6か月前

(5) 動画の再生が始まります。画面をタップします。

タップする

縄文遺跡群2024　外ヶ浜町(大平元最新情報
1088 回視聴 6 か月前 …その他

JOMON JAPAN 縄文… 3140　チャンネル登録

(6) メニューが表示されます。❚❚をタップすると一時停止します。◳をタップすると横向きの全画面表示になります。左上の▽をタップします。

タップして全画面表示

自動再生がオンになっています

タップして一時停止

タップする

縄文遺跡群2024
最新情報
…月前…その他

JOMON JAPAN 縄文… 3140　チャンネル登録

👍 28　👎　共有　リミックス　オフラ

(7) 再生画面が画面下にウィンドウ化され、動画を再生しながら視聴したい動画をタップして選択できます。再生を終了するには、◁を何度かタップしてアプリを終了します。

タップする

ウィンドウ化されて再生される

YouTubeの操作(全画面表示の場合)

再生画面のウィンドウ化

自動再生のオン/オフ

字幕のオン/オフ

画質や再生速度の切り替え

通常表示/全画面表示の切り替え

そのほかのGoogleサービスアプリ

本章で紹介したもの以外にも、たくさんのGoogleサービスのアプリが公開されています。無料で利用できるものも多いので、Google Playからインストールして試してみてください。

Google翻訳

100種類以上の言語に対応した翻訳アプリ。音声入力やカメラで撮影した写真内のテキストの翻訳も可能。

Google Meet

1対1なら最大24時間、100名までは最大60分のビデオ会議が行えるアプリ。「Gmail」アプリからも利用可能。

Googleドライブ（ドライブ）

無料で15GBの容量が利用できるオンラインストレージアプリ。ファイルの保存や共有、編集ができる。

Googleカレンダー（カレンダー）

Web上のGoogleカレンダーと同期し、同じ内容を閲覧・編集できるカレンダーアプリ。

ドコモのサービスを
利用する

Application

dメニューを利用する

Xperia 10 VIでは、ドコモのポータルサイト「dメニュー」を利用できます。dメニューでは、ドコモのサービスにアクセスしたり、メニューリストからWebページやアプリを探したりすることができます。

メニューリストからWebページを探す

1 ホーム画面で［dメニュー］をタップします。「dメニューお知らせ設定」画面が表示された場合は、［OK］をタップします。

タップする

2 「Chrome」アプリが起動し、dメニューが表示されます。中央のメニューを左にスクロールし、［すべてのサービス］をタップします。

① スクロールする
② タップする

3 ［メニューリスト］をタップします。

タップする

MEMO dメニューとは

dメニューは、ドコモのスマートフォン向けのポータルサイトです。ドコモおすすめのアプリやサービスなどをかんたんに検索したり、利用料金の確認などができる「My docomo」（P.118参照）にアクセスしたりできます。

④ 「メニューリスト」画面が表示されます。画面を上方向にスクロールします。

⑥ 一覧から、閲覧したいWebページのタイトルをタップします。アクセス許可が表示された場合は、[許可] をタップします。

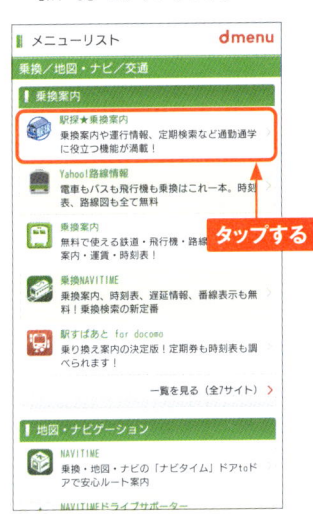

⑤ 閲覧したいWebページのジャンルをタップします。ここでは、[乗換／地図・ナビ／交通] をタップします。

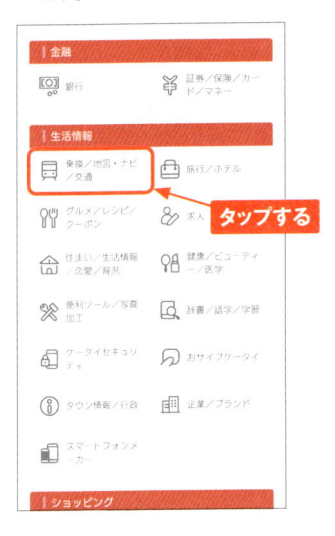

⑦ 目的のWebページが表示されます。◀を何回かタップすると一覧に戻ります。

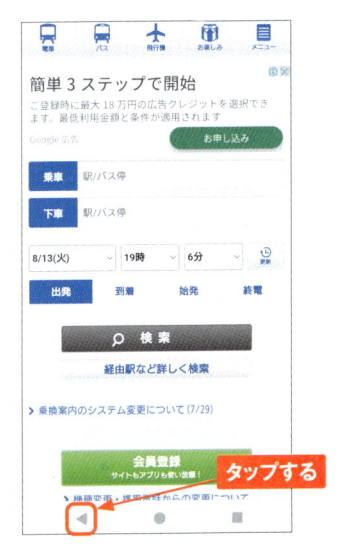

My docomoを利用する

Application

My docomo

「My docomo」アプリでは、契約内容の確認・変更などのサービスが利用できます。利用の際には、dアカウントのパスワードやネットワーク暗証番号（P.34参照）が必要です。

5

契約情報を確認・変更する

① ホーム画面やアプリ一覧画面で［My docomo］をタップします。表示されていない場合は、P.100を参考にGoogle Playからインストールします。各種許可の画面が表示されたら、画面の指示に従って設定します。

タップする

② ［規約に同意して利用を開始］をタップします。

タップする

③ ［dアカウントでログイン］をタップします。

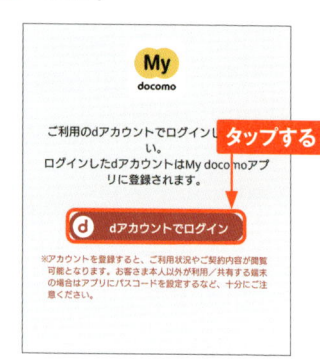

タップする

④ dアカウントのIDを入力し、［次へ］をタップします。

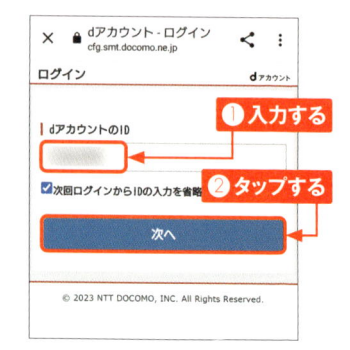

❶入力する

❷タップする

5 パスワードを入力し、[ログイン] をタップして、[OK] と [許可] をタップします。

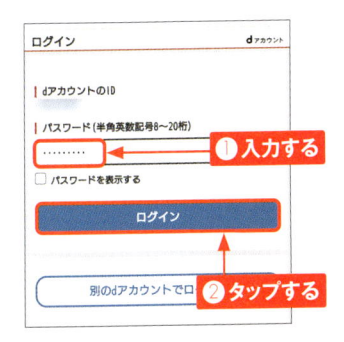

6 「パスワードロック機能の設定」 画面が表示されたら、ここでは [今 はしない] をタップします。

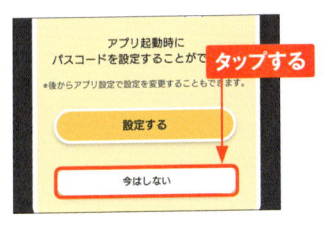

7 「My docomo」アプリのホーム 画面が表示され、データ通信量 や利用料金が確認できます。[ご 契約内容] をタップすると、現在 の契約プランや利用中のサービ スが表示されます。

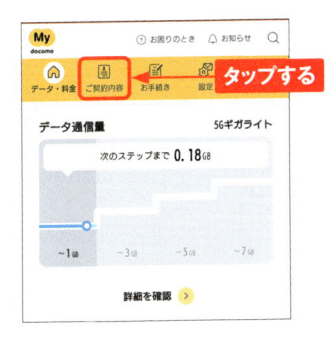

8 契約内容を変更したい場合は、 [お手続き] → [契約プラン／ 料金プラン変更] → [お手続き する] の順にタップします。ネット ワーク暗証番号を聞かれた場合 は入力して進みます。

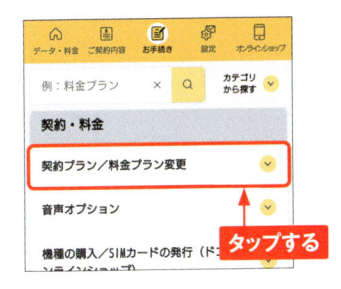

9 割り引きサービスや有料オプショ ンサービスの契約状況はそれぞれ のカテゴリから確認できます。こ こでは、[オプション] をタップしま す。

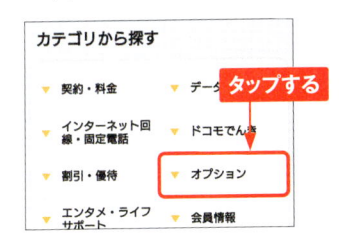

10 有料オプションサービスの契約状 況が表示されます。契約したい サービスの [お手続きする] をタッ プして、進みます。

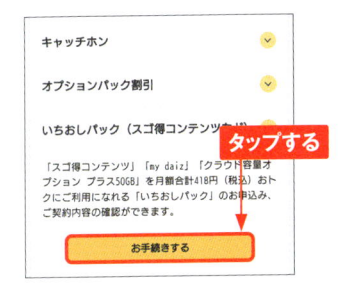

⑪ 画面を上方向にスクロールして契約内容を確認します。[注意事項・利用規約]のリンクをクリックし、内容を確認します。確認し終わったら上にスクロールし、[閉じる]をタップします。次にチェックボックスをタップしチェックを入れます。

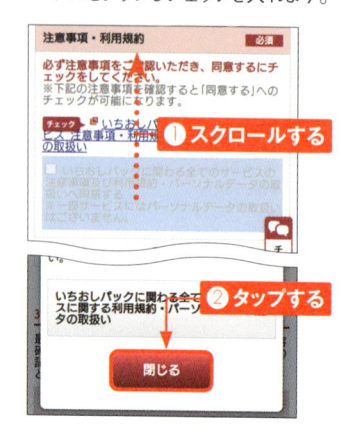

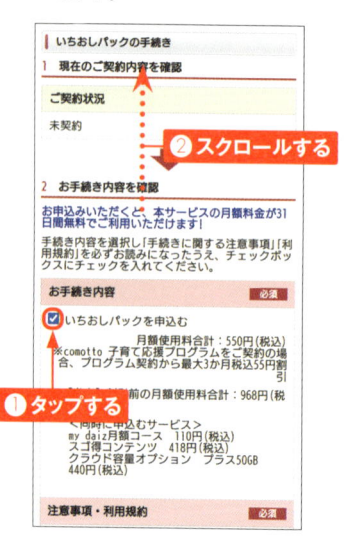

⑫ 「お手続き内容を確認」の項目にチェックが付いていることを確認して、画面を上方向にスクロールします。

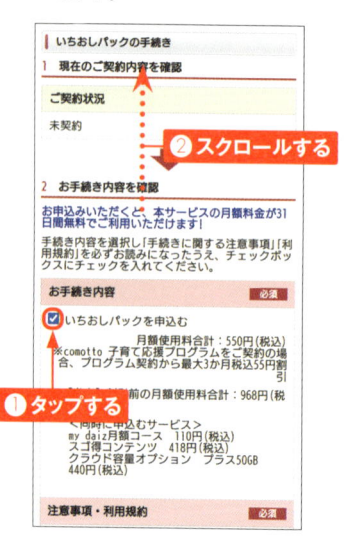

⑬ 受付確認メールの送信先をタップして選択し、[次へ]をタップします。

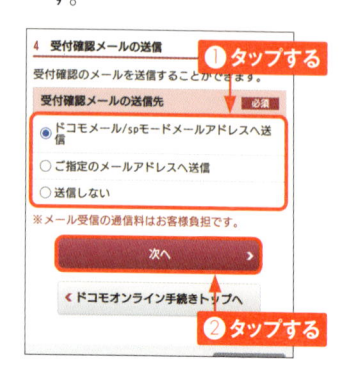

⑭ 確認画面が表示されるので、[はい]をタップします。

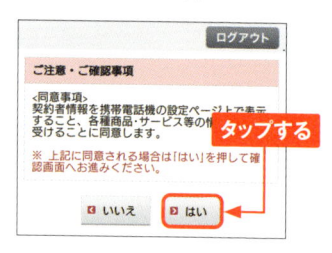

⑮ 「手続き内容確認」画面が表示されます。上にスクロールして内容を確認し、[手続きを完了する]をタップすると、手続きが完了します。

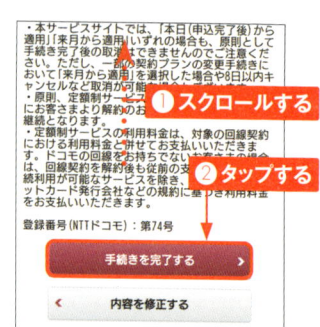

ドコモのアプリを
アップデートする

Application

ドコモから提供されているアプリの一部は、Google Playではアップデートできない場合があります（P.101参照）。ここでは、「設定」アプリからドコモアプリをアップデートする方法を解説します。

ドコモのアプリをアップデートする

1 P.18を参考に「設定」アプリを起動して、［ドコモのサービス/クラウド］ → ［ドコモアプリ管理］の順にタップします。

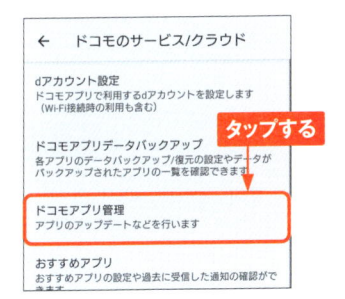

← ドコモのサービス/クラウド

dアカウント設定
ドコモアプリで利用するdアカウントを設定します
（Wi-Fi接続時の利用も含む）

ドコモアプリデータバックアップ
各アプリのデータバックアップ/復元の設定やデータが
バックアップされたアプリの一覧を確認できます

タップする

ドコモアプリ管理
アプリのアップデートなどを行います

おすすめアプリ
おすすめアプリの設定や過去に受信した通知の確認ができます

2 パスワードを求められたら、パスワードを入力して［OK］をタップします。アップデートできるドコモアプリの一覧が表示されるので、［すべてアップデート］をタップします。

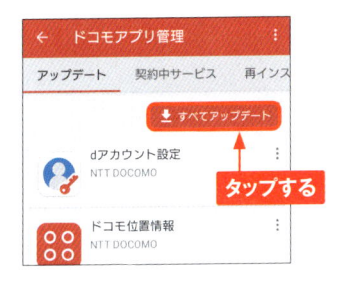

← ドコモアプリ管理

アップデート　契約中サービス　再インス

📥 すべてアップデート

dアカウント設定
NTT DOCOMO

タップする

ドコモ位置情報
NTT DOCOMO

3 それぞれのアプリで「ご確認」画面が表示されたら、［同意する］をタップします。

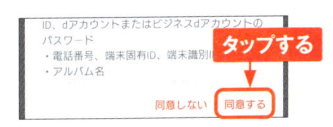

ID、dアカウントまたはビジネスdアカウントのパスワード
・電話番号、端末固有ID、端末識別
・アルバム名

タップする

同意しない　同意する

4 「複数アプリのダウンロード」画面が表示されたら、［今すぐ］をタップします。アプリのアップデートが開始されます。

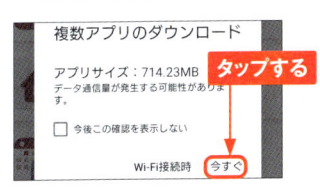

複数アプリのダウンロード

アプリサイズ：714.23MB
データ通信量が発生する可能性があります。

タップする

☐ 今後この確認を表示しない

Wi-Fi接続時　今すぐ

MEMO ドコモアプリの
ダウンロード

手順❹の画面で［Wi-Fi利用時］を選択した場合は、Wi-Fiに接続したときのみダウンロードが可能です。キャリアのデータを節約したい場合は、こちらを選択してください。

SmartNews for docomoで
ニュースを読む

Application

SmartNews for docomoは、さまざまなニュースをジャンルごとに
選んで読むことができるサービスです。読むニュースの傾向に合わ
せて、より自分好みの情報が表示されるようになります。

好きなニュースを読む

1 ホーム画面で🗒をタップします。

2 初回は「ドコモからの重要なお知
らせ」画面が表示されるので、[は
じめる]をタップします。通知の
送信に関する画面が表示されたら
[許可]をタップします。

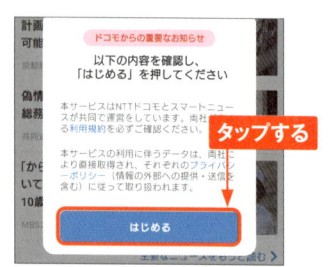

3 [アクセス許可]画面が出た場合
は、[同意してログイン]をタップ
します。

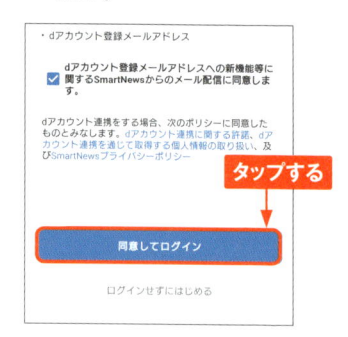

4 dアカウントとパスワードを入力して
ログインします。

⑤ 画面を左右にスワイプして、ニュースのジャンルを切り替え、読みたいニュースをタップします。

⑥ 選択したニュースの全文を読むことができます。

⑦ 画面下の［クーポン］をタップすると、お得なクーポンが一覧で表示されます。

⑧ 画面下の［検索］をタップすると、指定したキーワードに関する記事を検索することができます。

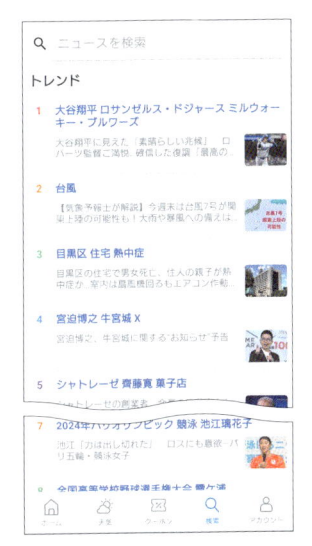

d払いを利用する

Application
d払い

「d払い」は、ドコモが提供するキャッシュレス決済サービスです。
お店でバーコードを見せるだけでスマホ決済を利用できるほか、
Amazonなどのネットショップの支払いにも利用できます。

d払いとは

「d払い」は、以前からあった「ドコモケータイ払い」を拡張して、ドコモ回線ユーザー以外
も利用できるようにした決済サービスです。ドコモユーザーの場合、支払い方法に電話料金
合算払いを選べ、より便利に使えます（他キャリアユーザーはクレジットカードが必要）。

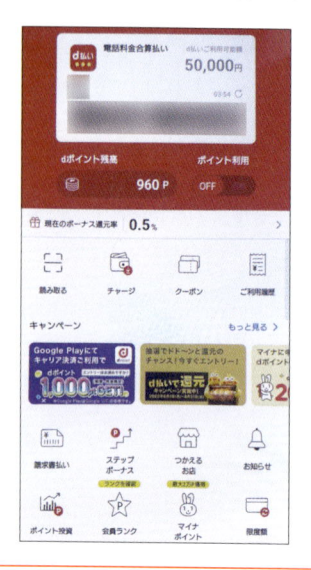

「d払い」アプリでは、バーコード
を見せるか読み取ることで、キャッ
シュレス決済が可能です。支払い
方法は、電話料金合算払い、d払い
残高（ドコモ口座）、クレジットカー
ドから選べるほか、dポイントを使
うこともできます。

[クーポン]をタップすると、店頭
で使える割り引きなどのクーポン
の情報が一覧表示されます。ポイ
ント還元のキャンペーンはエント
リー操作が必須のものが多いので、
こまめにチェックしましょう。

d払いの初期設定を行う

1 Wi-Fiに接続している場合は P.180を参考にオフにしてから、ホーム画面で[d払い]をタップします。アップデートが必要な場合は、[アップデート]をタップしてアップデートします。

タップする

2 利用規約などは[次へ]で進め、開始画面で[ドコモ回線でログイン]をタップします。次の画面でネットワーク暗証番号を入力し、[ログイン]をタップします。

タップする

3 ログイン確認画面で[ログイン]をタップします。

タップする

4 通知設定などは[次へ]をタップして次に進めます。

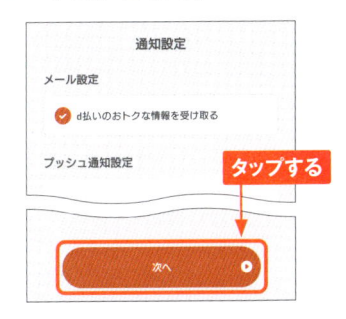

タップする

5 d払いのトップ画面が表示されます。

タップする

MEMO dポイントカード

「d払い」アプリの「ホーム」画面を左方向にスワイプすると、モバイルdポイントカードのバーコードが表示されます。dポイントカードが使える店では、支払い前にdポイントカードを見せて、d払いで支払うことで、二重にdポイントを貯めることが可能です。

d払いを利用する

● バーコード表示で支払う

支払いの際にバーコードを読み取ってもらう場合は、トップ画面のバーコードか［支払い］をタップして表示されるバーコードを提示します。

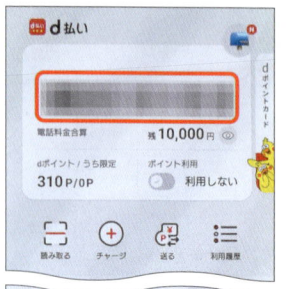

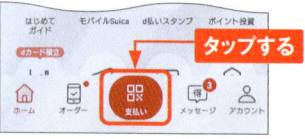

● バーコード読み取りで支払う

支払いの際にお店に設置されたバーコードを読み取る場合は、［読み取る］をタップしてレンズをバーコードに向けます。

● 支払いにdポイントを利用する

支払いにdポイントを利用したい場合は、トップ画面で［ポイント利用］をタップしてオンにし、利用したいポイント数を設定します。

● 支払い方法を変更する

支払い方法を変更するには、［アカウント］→［支払い方法］をタップします。電話料金に合算する［電話料金合算払い］、コンビニのATMなどでチャージする［d払い残高］、クレジットから支払い［クレジットカード］から選択し、［設定する］をタップします。

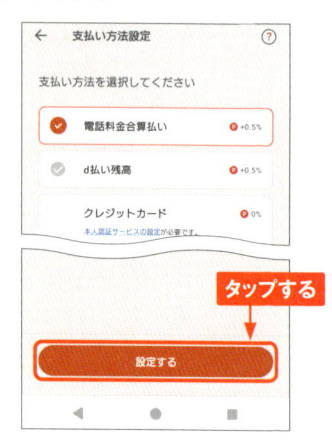

パソコンから音楽・写真・動画を取り込む

Application

Xperia 10 VIはUSB Type-Cケーブルでパソコンと接続して、本体メモリやmicroSDカードに各種データを転送することができます。お気に入りの音楽や写真、動画を取り込みましょう。

パソコンとXperia 10 VIを接続する

1 パソコンとXperia 10 VIをUSB Type-Cケーブルで接続します。パソコンでドライバーソフトのインストール画面が表示された場合はインストール完了まで待ちます。Xperia 10 VIのステータスバーを下方向にドラッグします。

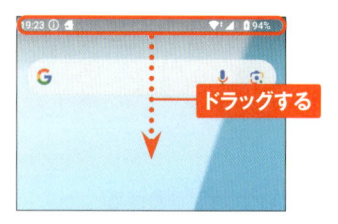

ドラッグする

2 ［このデバイスをUSBで充電中］をタップします。

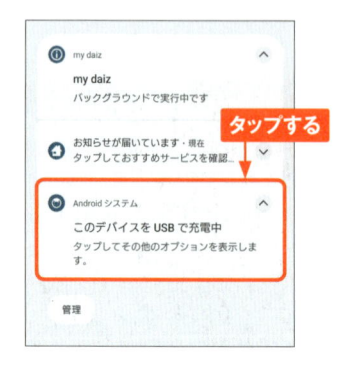

タップする

3 「USBの設定」画面が表示されるので、［ファイル転送］をタップします。

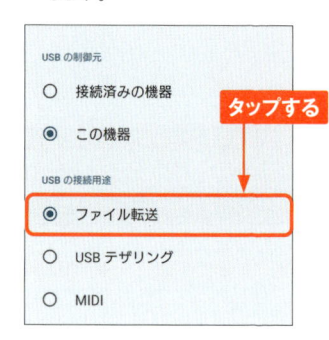

タップする

4 パソコンからXperia 10 VIにデータを転送できるようになります。

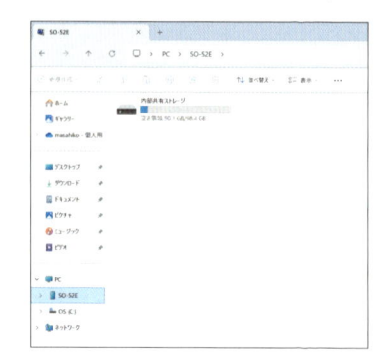

パソコンからファイルを転送する

1 パソコンでエクスプローラーを開き、「PC」にある [SO-52E] をクリックします。

クリックする

2 [内部共有ストレージ] をダブルクリックします。microSDカードをXperia 10 VIに挿入している場合は、「SDカード」と「内部共有ストレージ」が表示されます。

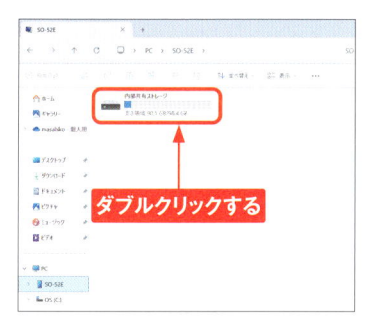

ダブルクリックする

3 Xperia 10 VI内のフォルダやファイルが表示されます。

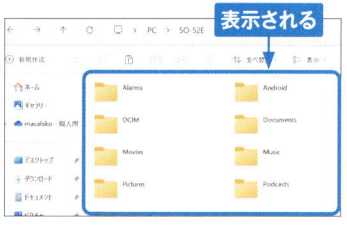

表示される

4 パソコンからコピーしたいファイルやフォルダをドラッグします。ここでは、音楽ファイルが入っている「音楽」というフォルダを「Music」フォルダにコピーします。

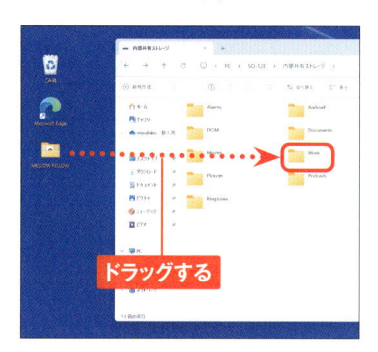

ドラッグする

5 コピーが完了したら、パソコンからUSB Type-Cケーブルを外します。画面はコピーしたファイルをXperia 10 VIの「ミュージック」アプリで表示したところです。

音楽ファイルが追加されている

音楽を聴く

本体内に転送した音楽ファイル（P.129参照）は「ミュージック」
アプリで再生することができます。ここでは、「ミュージック」アプリ
での再生方法を紹介します。

音楽ファイルを再生する

（1）アプリ一覧画面で［Sony］フォ
ルダをタップして、［ミュージック］
をタップします。初回起動に出て
くる通知の許可は、［許可］をタッ
プします。

（2）ホーム画面が表示されます。画
面左上の☰をタップします。

（3）メニューが表示されるので、ここ
では［アルバム］をタップします。

（4）端末に保存されている楽曲がア
ルバムごとに表示されます。再生
したいアルバムをタップします。

5 アルバム内の楽曲が表示されます。ハイレゾ音源（P.132参照）の場合は、曲名の右に「HR」と表示されています。再生したい楽曲をタップします。

6 楽曲が再生され、画面下部にコントローラーが表示されます。サムネイル画像をタップすると、ミュージックプレイヤー画面が表示されます。

ミュージックプレイヤー画面の見方

タップすると、手順⑥の画面を表示します。

楽曲情報の表示などができます。

楽曲名、アーティスト名が表示されます。タップすると、次に再生する楽曲が一覧で表示されます。

アルバムアートワークがあればジャケットが表示されます。左右にスワイプすると、次曲／前曲を再生できます。

左右にドラッグすると、楽曲の再生位置を調整できます。

プレイリストに追加できます。

楽曲の経過時間が表示されます。

楽曲の全体時間が表示されます。

各ボタンをタップして、楽曲の再生操作を行えます。

Application

ハイレゾ音源を再生する

「ミュージック」アプリでは、ハイレゾ音源を再生することができます。また、設定により、通常の音源でもハイレゾ相当の高音質で聴くことができます。

ハイレゾ音源の再生に必要なもの

Xperia 10 VIでは、本体上部のヘッドセット接続端子にハイレゾ対応のヘッドホンやイヤホンを接続したり、ハイレゾ対応のBluetoothヘッドホンを接続したりすることで、高音質なハイレゾ音楽を楽しむことができます。

ハイレゾ音源は、Google Play（P.98 ～ 101参照）でインストールできる「mora」アプリでハイレゾ音源を購入したり、Amazon Music Unlimited、Apple Musicなどのサブスクリプション方式の音楽配信サイトで利用することができます。ハイレゾ音源の音楽ファイルは、通常の音楽ファイルに比べてファイルサイズが大きいので、microSDカードを利用して保存するのがおすすめです。

また、ハイレゾ音源ではない音楽ファイルでも、DSEE Ultimateを有効にすることで、ハイレゾ音源に近い音質（192kHz/24bit）で聴くことが可能です（P.133参照）。

「mora」の場合、Webサイトのストアでハイレゾ音源の楽曲を購入し、「mora」アプリでダウンロードを行います。

 音楽ファイルをmicroSDカードに移動するには

本体メモリ（内部共有ストレージ）に保存した音楽ファイルをmicroSDカードに移動するには、「設定」アプリを起動して、[ストレージ] → [音声] の順にタップします。移動したいファイルをロングタッチして選択したら、⋮ → [移動] → [SDカード] → 転送したいフォルダ → [ここに移動] の順にタップします。これにより、本体メモリの容量を空けることができます。

通常の音源をハイレゾ音源並の高音質で聴く

1 P.18を参考に［設定］アプリを起動して、［音設定］→［オーディオ設定］の順にタップします。

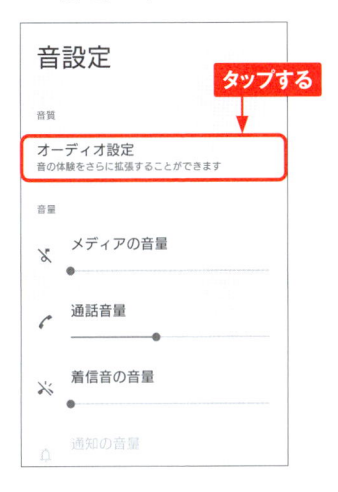

2 ［DSEE Ultimate］をタップして、⬜を⬤に切り替えます。

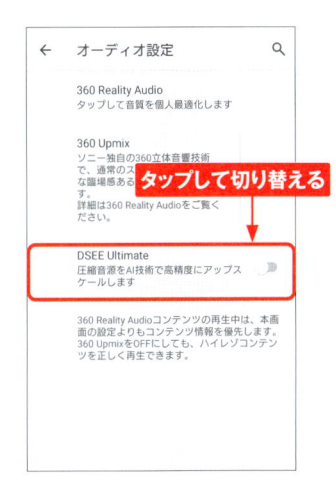

 DSEE Ultimateとは

DSEEはソニー独自の音質向上技術で、音楽や動画・ゲームの音声を、ハイレゾ音質に変換して再生することができます。MP3などの音楽のデータは44.1kHzまたは48kHz/16bitで、さらに圧縮されて音質が劣化していますが、これをAI処理により補完して192kHz/24bitのデータに拡張してくれます。DSEE Ultimateではワイヤレス再生にも対応しており、LDACに対応したBluetoothヘッドホンでも効果を体感できます。

 立体音響を楽しむ

手順②の画面で［360 Reality Audio］をタップし画面の指示に従って設定すると、対応ヘッドホンを使用して360度すべての方向から音を楽しむことができます。また、［360 Upmix］をタップしてオンにすると、通常のステレオ音源を立体的で臨場感のある音として楽しむことが可能です。

Application

写真や動画を撮影する

Xperia 10 VIは高性能なカメラを搭載しています。シャッターボタンをタップするだけで、シーンに合わせた最適な設定で写真や動画を撮ることができます。

「カメラ」アプリの初期設定を行う

① ホーム画面で［カメラ］をタップします。

タップする

② 「撮影場所を記録しますか?」と表示されたら、［いいえ］もしくは［はい］をタップします。

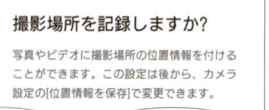

撮影場所を記録しますか?

写真やビデオに撮影場所の位置情報を付けることができます。この設定は後から、カメラ設定の[位置情報を保存]で変更できます。

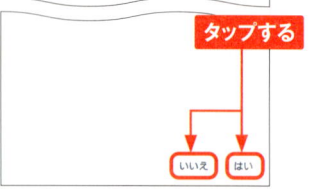

タップする

いいえ　はい

③ 位置情報のアクセスに関する画面が表示されたらいずれかをタップし、［次へ］ → ［次へ］ → ［OK］をタップするとカメラが利用できるようになります。

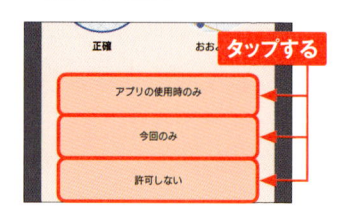

正確　　おお **タップする**

アプリの使用時のみ

今回のみ

許可しない

MEMO　ジオタグの有効／無効

手順②で［はい］、手順③で［アプリの使用時のみ］か［今回のみ］をタップすると、撮影した写真に撮影場所の位置情報（ジオタグ）が記録されます。位置を知られたくない場所で撮影する場合は、オフにしましょう。ジオタグのオン／オフは、P.139手順②の画面で［位置情報を保存］をタップしオフにすることでも変更できます。

写真を撮影する

1 P.134を参考に「カメラ」アプリを起動します。画面をタップし、ピンチイン/ピンチアウトすると、ズームアウト/ズームインでき、画面上に倍率が表示されます。

2 ピントを合わせたい場所がある場合は、画面をタップするとすぐにピントが合います。○をタップすると、写真が撮影されます。

3 写真を撮影すると、画面右下に撮影した写真のサムネイルが表示されます。撮影を終了するには◀をタップします。

MEMO　保存先や各種設定の変更

撮影した写真をmicroSDカードに保存したい場合は、手順3の画面で⚙をタップし、[メニュー] → [保存先] → [SDカード] の順にタップします。そのほか、設定画面では画像のサイズや位置情報の保存のオン/オフ、グリッドラインの表示など、さまざまな設定が変更できます。

動画を撮影する

1 「カメラ」アプリを起動し、画面を左方向にスワイプして「動画」モードに切り替えます。

2 ●をタップすると、動画の撮影が始まります。

3 動画の録画中は画面左上に録画時間が表示されます。●をタップすると、撮影が終了します。「フォト」モードに戻すには画面を右方向にスワイプします。

MEMO 動画撮影中に写真を撮るには

動画撮影中に●をタップすると写真を撮影することができます。写真を撮影してもシャッター音は鳴らないので、動画に音が入り込む心配はありません。

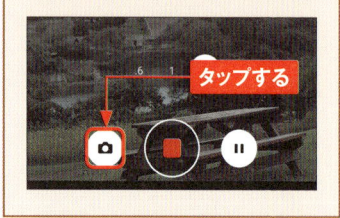

「カメラ」アプリの画面の見方

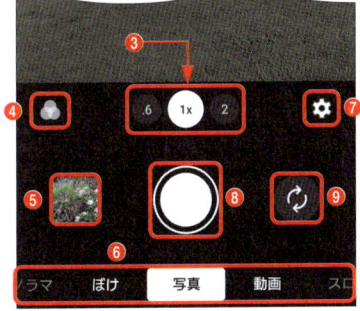

❶	Googleレンズ（P.140参照）を起動します。	❺	直前に撮影した写真や動画がサムネイルで表示されます。
❷	フラッシュ設定のオン／オフに切り替えます。また、撮影環境により、「ナイト撮影アイコン」が表示されます。	❻	撮影モードを切り替えます。
		❼	「縦横比」「タイマー」「フラッシュ」のクイックメニューが表示されます（P.139参照）。
❸	ズームの倍率を変更します。選択中の画角変更アイコンをタップすると、インジケーターが表示されます。アイコンを左右（横画面の場合は上下）にドラッグするとズーム操作ができます。	❽	写真や動画を撮影します。動画撮影中は一時停止・停止ボタンが表示されます。
❹	色合いや色の濃さ（彩度）、コントラスト、シャープネス、明るさなど、さまざまな要素の組み合わせを最適にバランスさせて、画像を思い通りの雰囲気に仕上げることができます。	❾	メインカメラとフロントカメラを切り替えます。

カメラの撮影機能を活用する

Application

Xperia 10 VIのカメラには、パノラマ撮影機能、被写体へのズームが楽に行えるズーム構図アシスト機能、撮影したものを調べるGoogleレンズ機能などがあります。活用すれば撮影をより楽しめます。

パノラマ写真を撮影する

① P.134を参考に「カメラ」アプリを起動し、右方向にスワイプして［パノラマ］メニューにします。

スワイプする

② ［パノラマ］メニューになったら、画面内にパノラマ写真のガイドがあることを確認します。

③ ガイドに沿ってスマートフォン本体をゆっくりと移動させます。

④ 360度回転するとパノラマ写真が完成します。

6

その他の機能

① 「カメラ」アプリの⚙をタップすると、「縦横比」「タイマー」「フラッシュ」の設定が行えます。

タップする

② 手順①の下の画面で［メニュー］をタップすると、写真撮影に関する各種設定が表示されます。

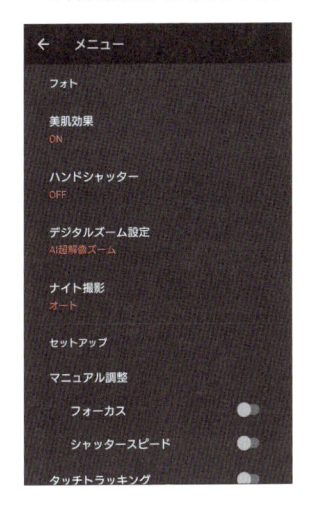

③ 動画撮影（P.136参照）中に手順②と同様の操作を行うと、動画撮影に関する設定が表示されます。

6

MEMO **カジュアルと クリエイティブ**

手順①のをタップすると、画像のさまざまな要素を最適化するメニューが表示されます。

Googleレンズで被写体の情報を調べる

① 「カメラ」アプリを起動し、画面左下の［モード］をタップして［Google Lens］をタップします。

② 初回は説明の画面が表示されるので、［カメラを起動］をタップします。

タップする

③ アクセス許可に関する画面が表示されたら、［アプリの使用時のみ］や［今回のみ］をタップします。

タップする

④ 調べたい被写体にカメラを向け、シャッターボタンをタップします。

タップする

⑤ 画面下に検索結果が表示されるので、上方向にスワイプします。

スワイプする

G 検索に追加

文A 翻訳　Q 検索　⊗ 宿題

⑥ 検索結果が表示されます。∨をタップすると撮影画面に戻ります。

Google

Q 🔲 検索に追加

すべて　商品　見た目で一致　この画像について

ヒャクニチソウ　ゼニア

ヒャクニチソウ
植物

Applewood Seed Company

ヒャクニチソウ Zinnia elegans Jacq. はキク科の植物の1つ。花が美しく、また花弁が丈夫で色あせしにくいのが特徴で、花壇に栽培され、また切り花として鑑賞される。ウィキペディア ›

⑦ 画面下のカテゴリを左右にスクロールして［翻訳］を選択し、外国語の書籍などにカメラを向けると、日本語に翻訳してくれます。

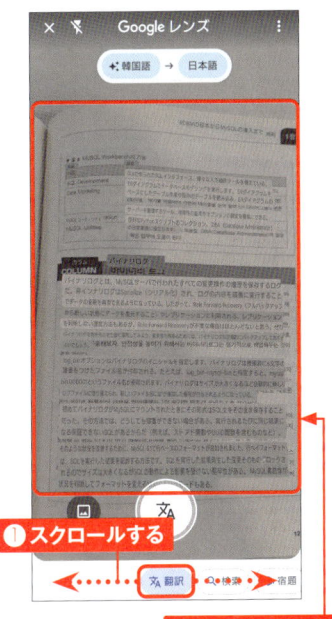

＋韓国語　→　日本語

①スクロールする

文A 翻訳　Q 検索　⊗ 宿題

②カメラを向ける

MEMO

Googleレンズで調べられるもの

Googleレンズでは、撮影したものを調べられるほか、撮影した文字をコピーしたりすることもできます。そのほか、バーコードをスキャンして製品の情報を調べたり、被写体の価格を調べたりすることも可能です。また、「フォト」アプリでは、撮影済みの写真をもとにGoogleレンズで調べることもできます（P.145参照）。

写真や動画を閲覧する

Application

撮影した写真や動画は、「フォト」アプリで閲覧することができます。「フォト」アプリは、閲覧だけでなく、自動的にクラウドストレージに写真をバックアップする機能も持っています。

🔷 「フォト」アプリで写真や動画を閲覧する

① ホーム画面で［フォト］をタップします。

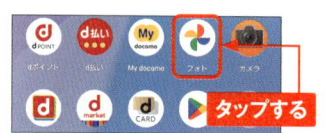

② 通知の許可画面が表示された場合は［許可］をタップします。設定をするか聞かれるので［このデバイス内の写真と動画を自動的にバックアップする］をオンにして、［使ってみる］をタップします。

③ 保存容量を増やすサブスクリプションについてが画面が表示されます。ここでは［サブスクリプションなし］をタップし、［サブスクリプションなしで続行］をタップします。

④ 「フォト」アプリの画面が開き、写真や動画を閲覧できるようになります。

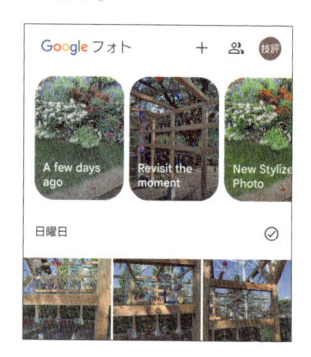

MEMO 保存画質の選択

「フォト」アプリでは、Googleドライブの保存容量の上限（標準で15GB）まで写真をクラウドに保存することができます。設定を変更すると、画像サイズが調整され小さくなります。画質も落ちますが、写真をたくさん保存したい場合はこの設定を行うとよいでしょう。

6

⑤ ［フォト］をタップすると本体内の写真や動画が表示されます（動画には時間が表示されています）。閲覧したい写真をタップします。

⑥ 写真が表示されます。タップすることで、メニューの表示／非表示を切り替えることができます。また、左右にスワイプすると前後の写真が表示されます。

⑦ ダブルタップすると写真が拡大されます。もう一度ダブルタップすると元の大きさに戻ります。

⑧ 手順④の画面に戻るときは、画面を一度タップし、左上の←をタップします。

MEMO 動画の再生

手順⑤の画面で動画をタップすると、動画が再生されます。再生を止めたいときなどは、動画をタップし画面中央に表示される⏸をタップします。

写真を検索して閲覧する

1 P.142手順①を参考に「フォト」アプリを起動して、[検索] をタップします。

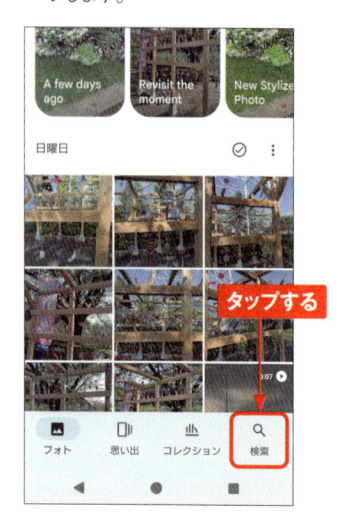

タップする

2 [写真を検索] をタップします。

タップする

3 検索したい写真に関するキーワードや日付などを入力して、✓をタップします。

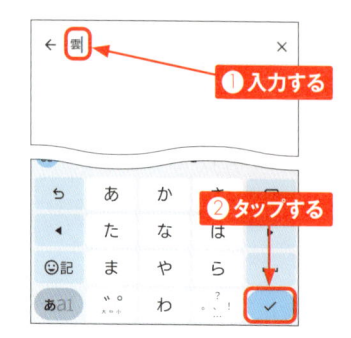

① 入力する

② タップする

4 検索された写真が一覧表示されます。タップすると大きく表示されます。

📝 MEMO 検索しても写真が見つからない場合

「フォト」アプリで写真を検索しても見つからない場合があります。そういったときは、しばらく時間をあけてから再び検索するとうまく見つかることがあります。

Googleレンズで撮影したものを調べる

1 P.143手順⑤を参考に、情報を調べたい写真を表示し、🖼をタップします。

タップする

2 候補が表示されます。調べたい被写体が別にある場合は、それをタップします。

タップする

3 表示される枠の範囲を必要に応じてドラッグして変更もできます。画面下に検索結果が表示されるので、上方向にスワイプします。

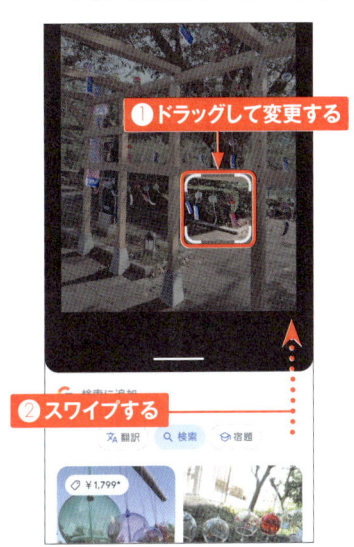

①ドラッグして変更する

②スワイプする

4 検索結果が表示されます。∨をタップすると手順③の画面に戻ります。

タップする

写真や動画を編集する

Application

「フォト」アプリは閲覧だけでなく、写真や動画の編集を行うことができます。ここでは写真の編集・削除の他、編集マジック機能とXperiaで用意されているVideo Creatorを紹介していきます。

写真を編集する

① P.143手順⑤を参考に写真を表示して、■■をタップします。「Google One」プランに関する説明が表示されたら左上の×をタップして閉じます。

タップする

② 写真の編集画面が表示されます。［補正］をタップすると、写真が自動で補正されます。

タップする

③ 写真にフィルタをかける場合は、画面下のメニュー項目を左右にスクロールして［フィルタ］を選択します。

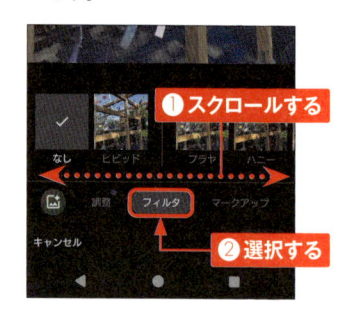

❶スクロールする

❷選択する

④ フィルタを左右にスクロールし、かけたいフィルタ（ここでは［ハニー］）をタップします。

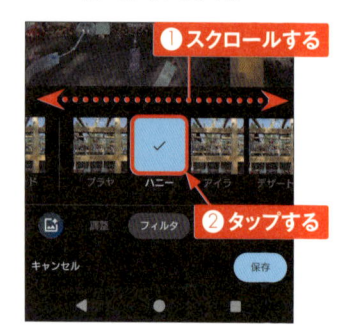

❶スクロールする

❷タップする

⑤ P.146手順③の画面で［調整］を選択すると、明るさやコントラストなどを調整できます。各項目のスライダーを左右にドラッグし、［完了］をタップします。

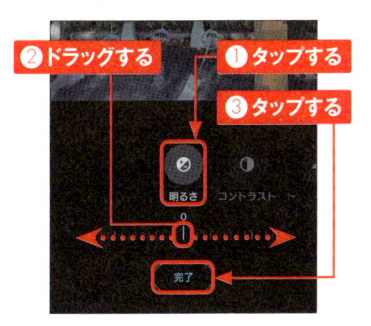

②ドラッグする **①タップする**
③タップする
完了

⑥ P.146手順③の画面で［切り抜き］を選択すると、写真のトリミングや角度調整が行えます。□をドラッグしてトリミングを行い、画面下部の目盛りを左右にドラッグして角度を調整します。

①ドラッグする
キャンセル
②ドラッグする

⑦ 編集が終わったら、［保存］をタップすると、データを上書きする［保存］か、別ファイルとして保存する［コピーとして保存］のどちらかをタップします。

どちらかをタップする

保存
この変更はいつでも元に戻すことができます
コピーとして保存
元の写真が変更されることはありません

MEMO そのほかの編集機能

P.146手順③の画面で［マークアップ］を選択すると写真に色を塗ったり手書き文字などを書き込むことができます。

6

■ 編集マジックを利用する

1 P.146手順①を参考に編集メニューを開いて、■をタップします。

2 初回起動時は確認画面が表示されるので、[今すぐ試す]をタップします。

3 消去したい部分を円で囲んだり、タップして選択します。うまく選択できない場合は、[選択範囲を改善]をタップすると調整できます。範囲選択が完了したら[消去]をタップします。

4 消去したいもの（ここでは風鈴）が消去されました。

Video Creatorを利用する

① P.18を参考にアプリ一覧画面を表示し、[Video Creator] をタップします。初回起動時に表示される画面で [開始] をタップします。以降に表示されるものについては [許可] などを選択して進めてください。

② [新しいプロジェクト] をタップすると写真の選択画面になります。動画を作成するために使用する写真を選択し、[おまかせ編集]をタップします。

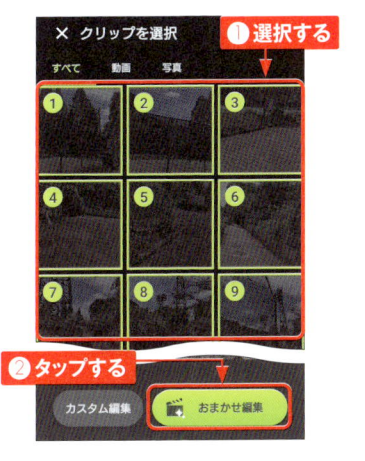

③ 動画の長さや音楽を設定して [開始] をタップします。

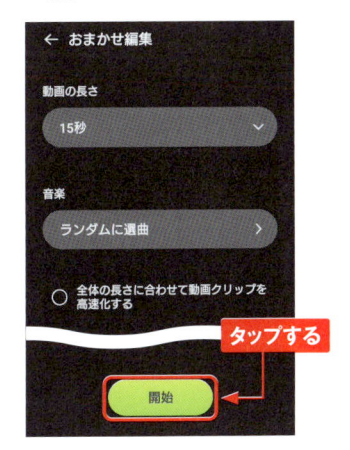

6

④ ▶をタップすると、動画が再生されます。右上の [エクスポート]をタップすると、新規の動画ファイルとして作成されます。

写真や動画を削除する

① P.143手順⑤の画面で、削除したい写真をロングタッチします。

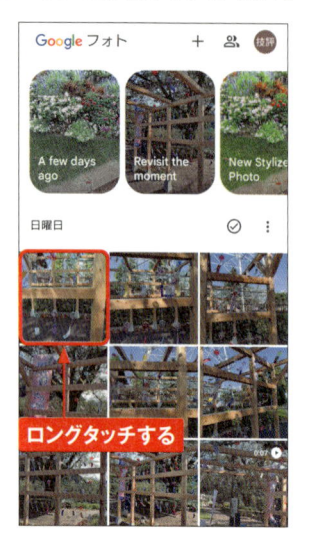

ロングタッチする

② 写真が選択されます。このとき、日にち部分をタップする、もしくは手順①で日付部分をタップすると、同じ日に撮影した写真や動画をまとめて選択することができます。回をタップします。

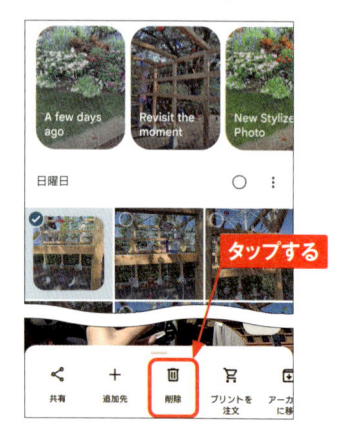

タップする

共有　追加先　削除　プリントを注文　アーカイブに移

③ ［ゴミ箱に移動］をタップします。

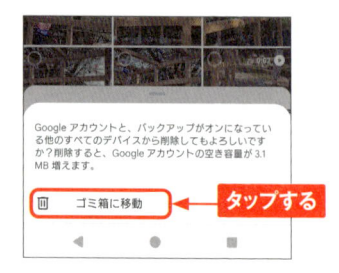

Google アカウントと、バックアップがオンになっている他のすべてのデバイスから削除してもよろしいですか？削除すると、Google アカウントの空き容量が 3.1 MB 増えます。

回 ゴミ箱に移動 ◀ タップする

④ 写真が削除されます。削除直後に画面下部に表示される［元に戻す］をタップすると、削除がキャンセルされます。

ゴミ箱内のファイル　　　元に戻す

MEMO 削除した写真や動画の復元

写真や動画を削除すると、いったんゴミ箱に移動し、60日後（バックアップしていない場合は30日後）に完全に削除されます。復元したい場合は、P.143手順⑤の画面で［コレクション］→［ゴミ箱］をタップし、復元したい写真や動画をロングタッチして選択し、［復元］をタップします。

Xperia 10 VIを
使いこなす

ホーム画面を カスタマイズする

アプリ一覧画面にあるアイコンは、ホーム画面に表示することができます。ホーム画面のアイコンは任意の位置に移動したり、フォルダを作成して複数のアプリアイコンをまとめたりすることも可能です。

■ アプリアイコンをホーム画面に表示する

① ホーム画面で［アプリ一覧ボタン］をタップしてアプリ一覧画面を表示します。移動したいアプリアイコンをロングタッチし、［ホーム画面に追加］をタップします。

② アプリアイコンがホーム画面上に表示されます。

③ ホーム画面のアプリアイコンをロングタッチします。

④ ドラッグして、任意の位置に移動することができます。左右のページに移動することも可能です。

アプリアイコンをホーム画面から削除する

1 ホーム画面から削除したいアプリアイコンをロングタッチします。

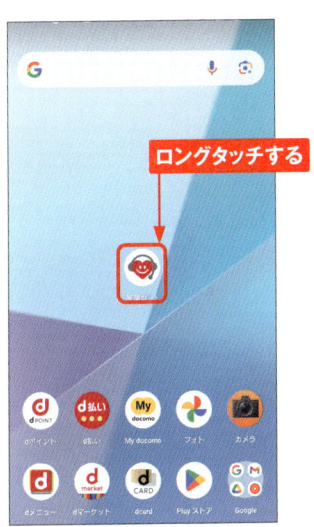

ロングタッチする

2 ［ホーム画面から消す］をタップします。

タップする

× ホーム画面から消す

🗑 アンインストール

ⓘ アプリ情報

3 ホーム画面上からアプリアイコンが削除されます。

MEMO アイコンの削除と アプリのアンインストール

手順②の画面でアイコンをフレームの外側に移動すると、画面上部に［削除］と［アンインストール］が表示されます。アイコンを［削除］にドラッグするとアイコンの削除、［アンインストール］はアプリ自体が削除されます。

× 削除　🗑 アンインストール

7

■ フォルダを作成する

1 ホーム画面でフォルダに収めたいアプリアイコンをロングタッチします。

ロングタッチする

2 同じフォルダに収めたいアプリアイコンの上にドラッグします。

ドラッグする

3 「フォルダの作成」画面が表示されるので [作成する] をタップすると、フォルダが作成されます。

タップする

フォルダの作成
フォルダを作成しますか？
キャンセル　作成する

4 フォルダをタップすると、フォルダが開いて、中のアプリアイコンが表示されます。フォルダ名をタップして任意の名前を入力し、✓をタップすると、フォルダ名を変更できます。

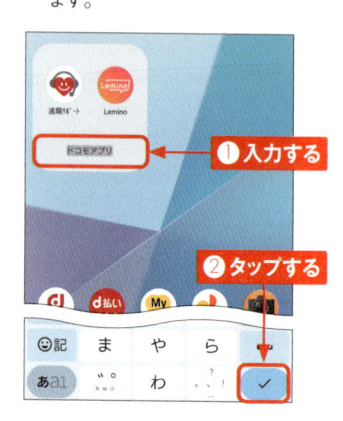

❶ 入力する
❷ タップする

MEMO ドックのアイコンの入れ替え

ホーム画面下部にあるドックのアイコンは、入れ替えることができます。ドックのアイコンを任意の場所にドラッグし、かわりに配置したいアイコンをドックに移動します。

ドラッグする

ホームアプリを変更する

1 P.18を参考に「設定」アプリを起動し、[アプリ] → [標準のアプリ] → [ホームアプリ] の順にタップします。

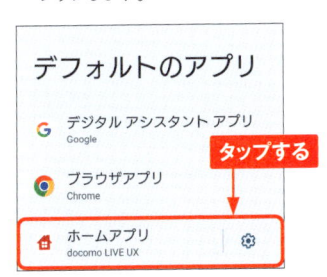

2 好みのホームアプリをタップします。ここでは [Xperiaホーム] をタップします。

3 ホームアプリが「Xperiaホーム」に変更されます。ホーム画面の操作が一部本書とは異なるので注意してください。なお、標準のホームアプリに戻すには、「設定」アプリから再度手順②の画面を表示して [docomo LIVE UX] をタップします。

 ## 「かんたんホーム」とは

手順②で選択できる「かんたんホーム」は、基本的な機能や設定がわかりやすくまとめられたホームアプリです。「かんたんホーム」から標準のホームアプリに戻すには、[設定] → [ホーム切替] → [OK] → [docomo LIVE UX] の順にタップします。

クイック設定ツールを利用する

OS・Hardware

クイック設定ツールは、Xperia 10 VIの主な機能をかんたんに切り替えられるほか、状態もひと目でわかるようになっています。ほかにもドラッグ操作で画面の明るさも調節できます。

クイック設定パネルを展開する

① ステータスバーを2本指で下方向にドラッグします。うまくいかない場合はステータスバーを2度下方向にドラッグしても同様の操作ができます。

2本指でドラッグする

② クイック設定パネルが表示されます。表示されているクイック設定ツールをタップすると、機能のオン／オフを切り替えることができます。

タップする

③ クイック設定パネルの画面を左方向にスワイプすると、次のパネルに切り替わります。

スワイプする

④ ◁を2回タップすると、もとの画面に戻ります。

2回タップする

7

クイック設定ツールの機能

クイック設定パネルでは、タップして設定のオン／オフを切り替えられるだけでなく、ロングタッチすると詳細な設定が表示されるものもあります。

タップすると簡易設定が、ロングタッチすると詳細な設定が表示されます。

オン／オフを切り替えられます。

画面の明るさを調節できます。

クイック設定ツール	オンにしたときの動作
インターネット	モバイル回線やWi-Fiの接続をオン／オフしたり設定したりできます。（P.180参照）。
Bluetooth	Bluetoothをオンにします（P.184参照）。
自動回転	Xperia 10 VIを横向きにすると、画面も横向きに表示されます。
機内モード	すべての通信をオフにします。
デバイスコントロール	本端末に接続されているデバイスを操作できます。
マナーモード	マナーモードに切り替えます（P.59参照）。
位置情報	位置情報をオンにします。
ニアバイシェア	付近の対応機器とファイルを共有します。
ライト	Xperia 10 VIの背面のライトを点灯します。
STAMINAモード	STAMINAモードをオンにします（P.186参照）。
テザリング	Wi-Fiテザリングをオンにします（P.182参照）。
スクリーンレコード開始	表示されている画面を動画で録画します。
QRコードのスキャン	QRコードをスキャンして読み取ります。

7

Application

ロック画面に通知を
表示しないようにする

「+メッセージ」などの通知はロック画面にメッセージの一部が表示されるため、他人に見られてしまう可能性があります。設定を変更してロック画面に通知を表示しないようにすることができます。

ロック画面に通知を表示しないようにする

① P.18を参考に「設定」アプリを起動して、[通知]をタップします。

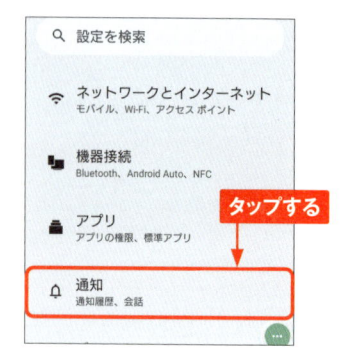

② [ロック画面上の通知]をタップします。

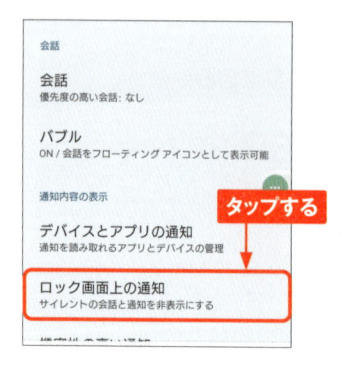

③ [通知を表示しない]をタップすると、ロック画面に通知が表示されなくなります。

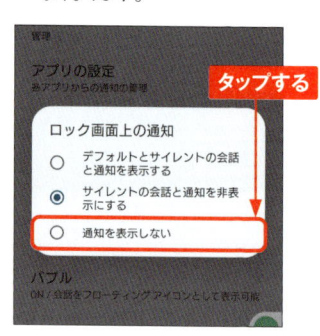

④ 手順②の画面で[通知履歴]をタップし、[通知履歴を使用]をオンにすると、通知履歴を確認することができるようになります。

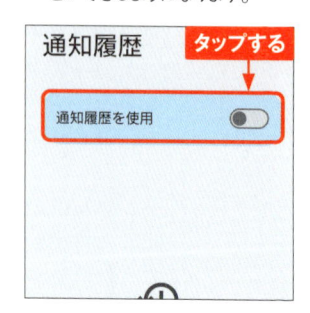

不要な通知が
表示されないようにする

Application

通知はホーム画面やロック画面に表示されますが、アプリごとに通知のオン／オフを設定することができます。また、通知パネルから通知をロングタッチして、通知をオフにすることもできます。

アプリからの通知をオフにする

1 P.18を参考に「設定」アプリを起動して、［通知］→［アプリの設定］の順にタップします。

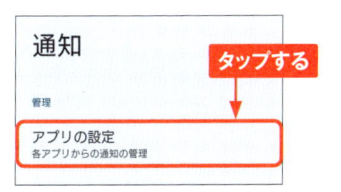

2 ［新しい順］→［すべてのアプリ］の順にタップし、通知をオフにしたいアプリ（ここでは［+メッセージ］）をタップします。

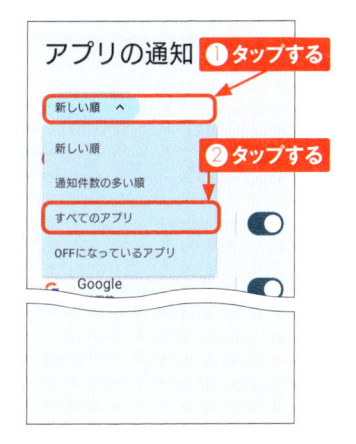

3 選択したアプリの通知に関する設定画面が表示されるので、［○○のすべての通知］をタップします。

4 ⬤が⬤になり、「ドコモメール」アプリからの通知がオフになります。なお、アプリによっては、通知がオフにできないものもあります。

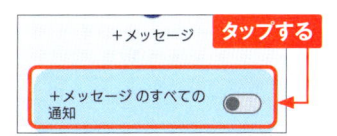

> **MEMO 通知パネルでの設定変更**
>
> P.17を参考に通知パネルを表示し、通知をオフにしたいアプリをロングタッチして、［通知をOFFにする］をタップすると、そのアプリからの通知設定が変更できます。

画面ロックの解除に
暗証番号を設定する

Application

画面ロックの解除に暗証番号を設定することができます。設定を行うとP.11手順②の画面に［ロックダウン］が追加され、タップすると指紋認証や通知が無効になった状態でロックされます。

画面ロックの解除に暗証番号を設定する

① P.18を参考に「設定」アプリを起動して、［セキュリティ］ → ［画面のロック］の順にタップします。

③ テンキーで4桁以上の数字を入力し、［次へ］をタップして、次の画面でも再度同じ数字を入力し、［確認］をタップします。

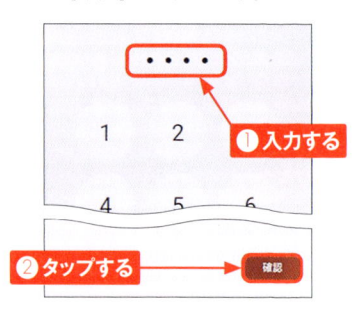

② ［ロックNo.］をタップします。「ロックNo.」とは画面ロックの解除に必要な暗証番号のことです。

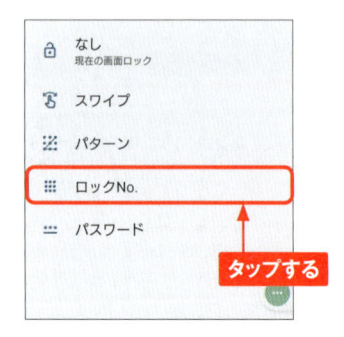

④ ロック画面での通知の表示方法をタップして選択し、［完了］をタップすると、設定完了です。

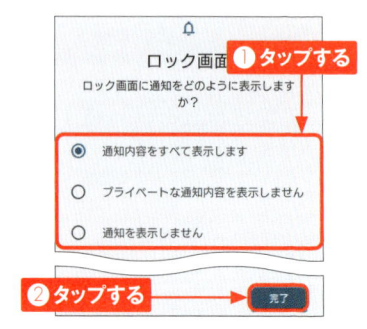

7

暗証番号で画面ロックを解除する

1 スリープモード（P.10参照）の状態で、電源キーを押します。

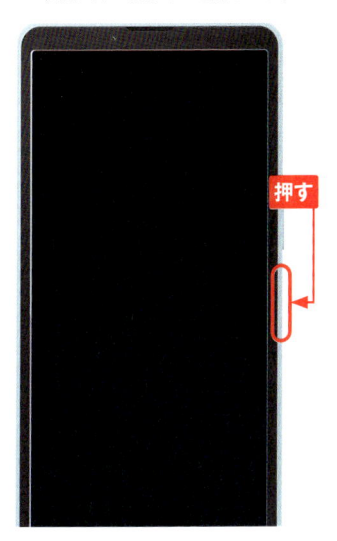

押す

2 ロック画面が表示されます。画面を上方向にスワイプします。

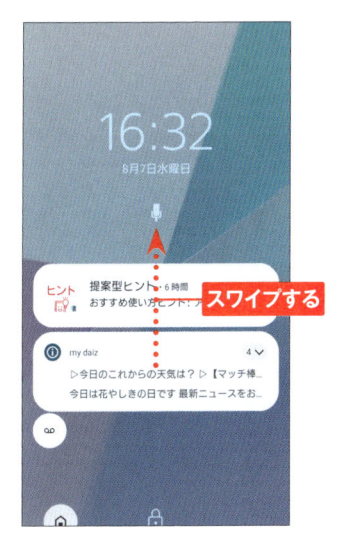

スワイプする

3 P.160手順③で設定した暗証番号（ロックNo.）を入力して → をタップすると、画面ロックが解除されます。

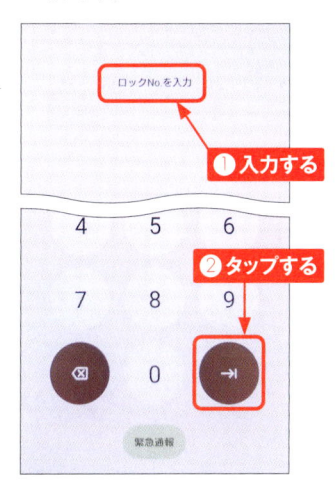

ロックNo.を入力

❶入力する

❷タップする

MEMO 暗証番号の変更

設定した暗証番号を変更するには、P.160手順①で［画面のロック］をタップし、現在のロックNo.を入力します。表示される「新しい画面ロックの選択」画面で［ロックNo.］をタップすると、暗証番号を再設定できます。初期状態に戻すには、［なし］→［削除］の順にタップします。

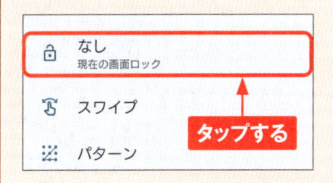

なし
現在の画面ロック

スワイプ

パターン

タップする

画面ロックの解除に指紋認証を設定する

Application

Xperia 10 VIは電源キーのところに指紋センサーが搭載されています。指紋を登録することで、ロックをすばやく解除できるようになるだけでなく、セキュリティも強化することができます。

指紋を登録する

① P.18を参考に「設定」アプリを起動して、[セキュリティ] をタップします。

② [指紋設定] をタップします。

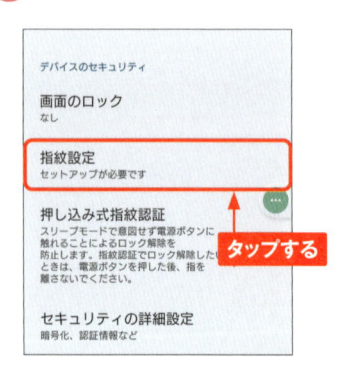

③ 画面ロックが設定されていない場合は「画面ロックの選択」画面が表示されるので [指紋＋ロックNo.] をタップして、P.160を参考に設定します。画面ロックを設定している場合は入力画面が表示されるので、P.161の方法で解除します。

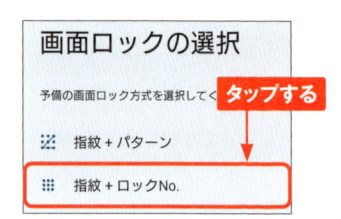

④ 「指紋の設定」画面が表示されるので、[もっと見る] → [同意する] → [次へ] の順にタップします。

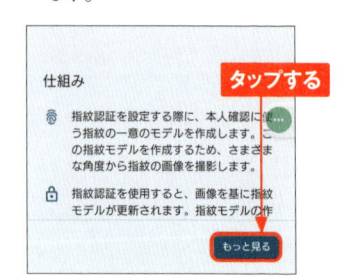

⑤ いずれかの指を指紋センサー（P.8参照）の上に置くと、指紋の登録が始まります。画面の指示に従って、指をタッチする、離すをくり返します。

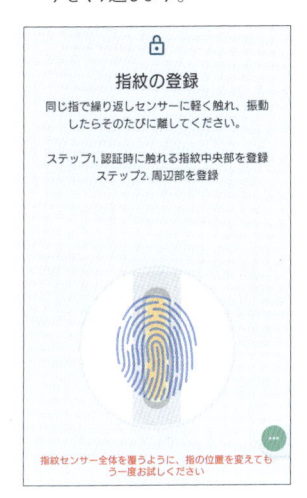

⑥ 「指紋を追加しました」と表示されたら、［完了］をタップします。

タップする

⑦ ロック画面を表示して、手順⑤で登録した指を指紋センサーの上に置くと、画面ロックが解除されます。

登録した指を置く

MEMO Google Playで指紋認証を利用するには

Google Playで指紋認証を設定すると、アプリを購入する際に、パスワード入力のかわりに指紋認証が利用できます。指紋を設定後、Google Playで画面右上のアカウントアイコンをタップし、［設定］→［認証］→［生体認証］の順にタップして、画面の指示に従って設定してください。

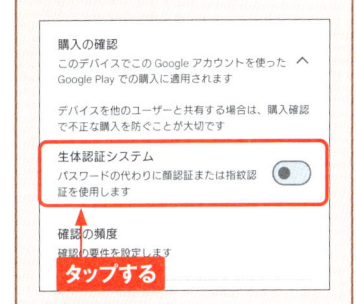

タップする

7

OS・Hardware

画面を分割表示する

Xperia 10 VIでは、画面をポップアップ形式や分割形式で分割して2つのアプリを同時に表示することができます。なお、分割表示に対応していないアプリもあります。

ポップアップ形式で分割する

① 分割して表示したいアプリをあらかじめ開いておき、アプリの切り替え画面（P.19参照）で［ポップアップウィンドウ］をタップします。

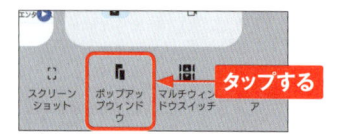

③ 手前と奥に分割して表示されるようになります。ポップアップ側のウィンドウサイズは四隅をドラッグして調節できます。ポップアップ側をタップすると表示されるメニューバーから移動や最小化、最大化も行えます。

② アプリが手前にポップアップ状態で表示されます。左右にスワイプして背面に表示したいアプリを選んでタップします。

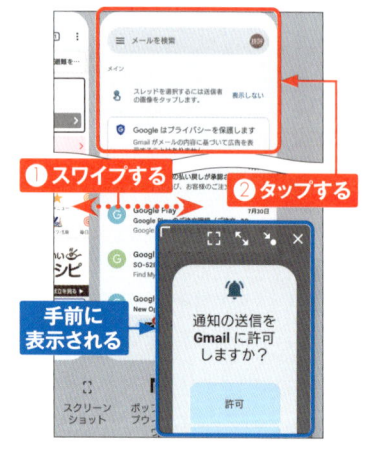

④ ポップアップ側の×をタップするとポップアップ表示が終了します。

上下に分割する

1 P.164手順①の画面で［マルチウィンドウスイッチ］をタップします。

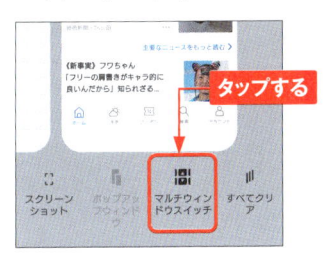

2 上と下に表示したいアプリをスワイプして選択します。

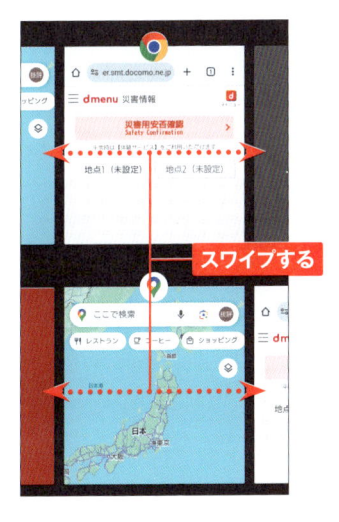

3 ［確定］をタップします。あらかじめ設定された組み合わせを呼び出すこともできます。

4 選択したアプリが分割表示され、それぞれ操作できるようになります。 をタップすると前の画面に戻ります。

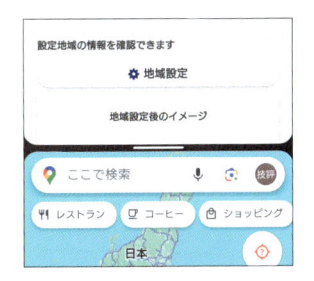

5 中央の をドラッグすると、表示範囲を変更できます。

6 分割表示を終了するには中央の を画面上部または下部までドラッグします。

スリープモードになるまでの時間を変更する

Application

スリープモードになるまでの時間が短いと、突然スリープモードになってしまって困ることがあります。ちょっと時間が短いなと思ったら、スリープモードになるまでの時間を長くしておきましょう。

スリープモードになるまでの時間を変更する

① P.18を参考に「設定」アプリを起動して、[画面設定] → [画面消灯] の順にタップします。

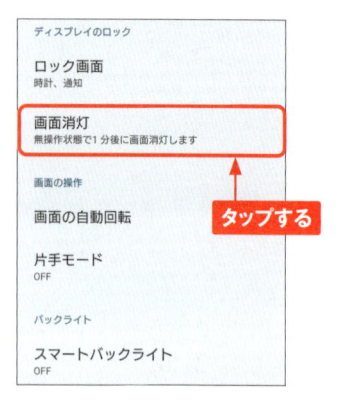

② スリープモードになるまでの時間をタップします。

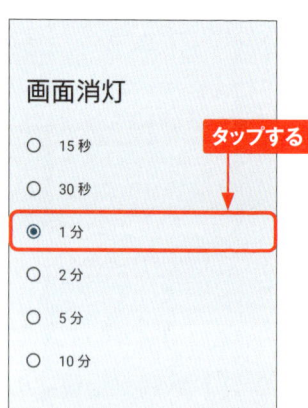

 画面消灯後のロック時間の変更

画面のロック方法がロックNo.／パターン／パスワードの場合、画面が消えてスリープモードになった後、ロックがかかるまでには時間差があります。この時間を変更するには、P.162手順②の画面を表示して、[画面のロック] の⚙をタップし、[画面消灯後からロックまでの時間] をタップして、ロックがかかるまでの時間をタップします。

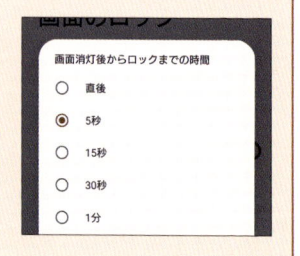

Application

画面の明るさを変更する

画面の明るさは周囲の明るさに合わせて自動で調整されますが、手動で変更することもできます。暗い場所や直射日光が当たる場所などで見にくい場合は、手動で変更してみましょう。

見やすい明るさに調節する

1. ステータスバーを2本指で下方向にドラッグして、クイック設定パネル（P.156参照）を表示します。

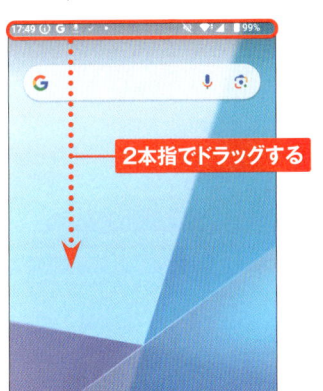

2本指でドラッグする

2. 上部のスライダーを左右にドラッグして、画面の明るさを調節します。

ドラッグする

7

 MEMO 明るさの自動調節のオン／オフ

P.18を参考に「設定」アプリを起動して、［画面設定］ → ［明るさの自動調節］をタップし、［明るさの自動調節を使用］をタップすることで、画面の明るさの自動調節のオン／オフを切り替えることができます。オフにすると、周囲の明るさに関係なく、画面は一定の明るさになります。

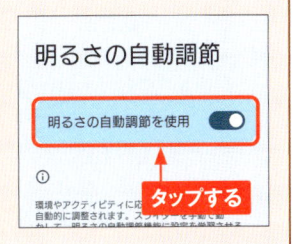

明るさの自動調節

明るさの自動調節を使用

タップする

ブルーライトを
カットする

Application

Xperia 10 VIには、ブルーライトを軽減できる「ナイトライト」機能があります。就寝時や暗い場所で操作するときに目の疲れを軽減できます。また、時間を指定してナイトライトを設定することも可能です。

指定した時間にナイトライトを設定する

① P.18を参考に「設定」アプリを起動して[画面設定]→[ナイトライト]の順にタップします。

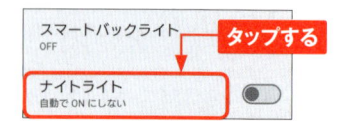

スマートバックライト
OFF

タップする

ナイトライト
自動で ON にしない

② [ナイトライトを使用]をタップします。

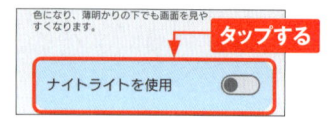

色になり、薄明かりの下でも画面を見やすくなります。

タップする

ナイトライトを使用

③ ナイトライトがオンになり、画面が黄色みがかった色になります。●を左右にドラッグして色味を調整したら、[スケジュール]をタップします。

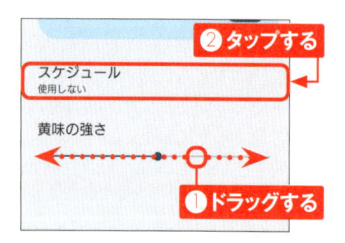

②タップする

スケジュール
使用しない

黄味の強さ

①ドラッグする

④ [指定した時刻にON]をタップします。[使用しない]をタップすると、常にナイトライトがオンのままになります。

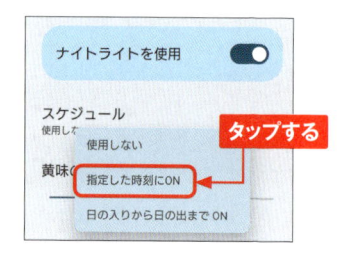

ナイトライトを使用

スケジュール
使用して

タップする

黄味の　使用しない

　指定した時刻にON

　日の入りから日の出まで ON

⑤ [開始時刻]と[終了時刻]をタップして設定すると、指定した時間の間は、ナイトライトがオンになります。

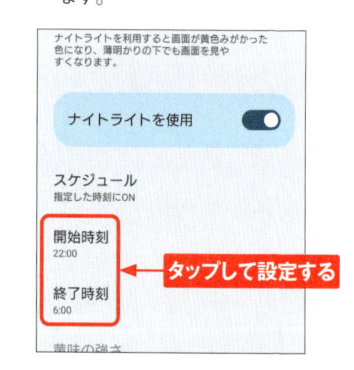

ナイトライトを利用すると画面が黄色みがかった色になり、薄明かりの下でも画面を見やすくなります。

ナイトライトを使用

スケジュール
指定した時刻にON

開始時刻
22:00

タップして設定する

終了時刻
6:00

黄味の強さ

7

ダークモードを利用する

Application

Xperia 10 VIでは、画面全体を黒を基調とした目に優しく、省電力にもなるダークモードを利用できます。ダークモードに変更すると、対応するアプリもダークモードになります。

ダークモードに変更する

① P.18を参考に「設定」アプリを起動して、[画面設定] をタップします。

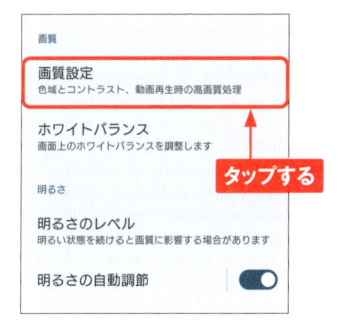

画質

画質設定
色域とコントラスト、動画再生時の高画質処理

ホワイトバランス
画面上のホワイトバランスを調整します

→ **タップする**

明るさ

明るさのレベル
明るい状態を続けると画面に影響する場合があります

明るさの自動調節

② [ダークモード] → [ダークモードを使用] の順にタップします。

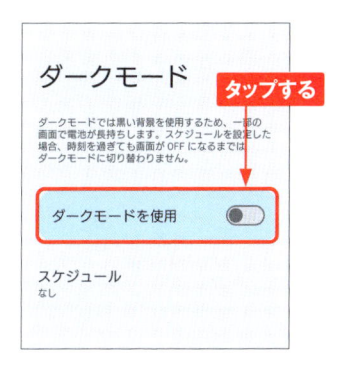

ダークモード **タップする**

ダークモードでは黒い背景を使用するため、一部の画面で電池が長持ちします。スケジュールを設定した場合、時刻を過ぎても画面が OFF になるまではダークモードに切り替わりません。

ダークモードを使用

スケジュール
なし

③ 画面全体が黒を基調とした色に変更されます。

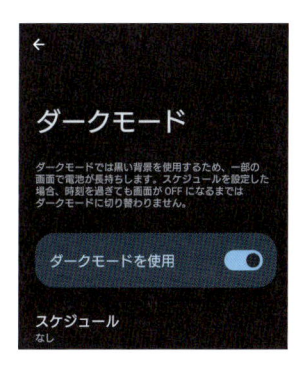

←

ダークモード

ダークモードでは黒い背景を使用するため、一部の画面で電池が長持ちします。スケジュールを設定した場合、時刻を過ぎても画面が OFF になるまではダークモードに切り替わりません。

ダークモードを使用

スケジュール
なし

④ 対応するアプリもダークモードで表示されます。もとに戻すには再度手順 ① ～ ② の操作を行います。

おすすめ　ランキング　子供　カテゴリ

注目

漫画家「的野アンジ先生」独占インタビュー
『僕が死ぬだけの百物語』の裏側に迫ります

7

Application

文字やアイコンの表示サイズを変更する

画面の文字やアイコンが小さすぎて見にくいときは、表示サイズを変更しましょう。フォントサイズの変更（MEMO参照）と異なり、アプリのアイコンや画面のデザインも拡大表示されます。

文字やアイコンの表示サイズを変更する

① P.18を参考に「設定」アプリを起動して、[画面設定] → [表示サイズとテキスト] の順にタップします。

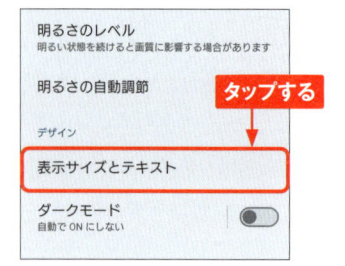

② 下部にあるスライダーを左右にドラッグして、サイズを変更します。表示結果は画面上部で確認できます。

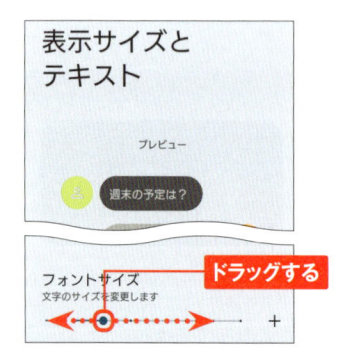

③ 文字やアイコンなど、画面表示が全体的に拡大されます。ホーム画面などでは、アイコンの並びが変わることがあります。

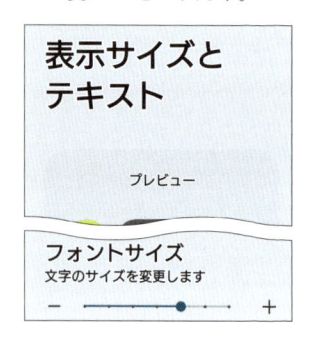

MEMO フォントサイズを変更する

文字の大きさだけを変更したいときは、手順②や③の画面で「フォントサイズ」のスライダーを左右にドラッグして設定します。

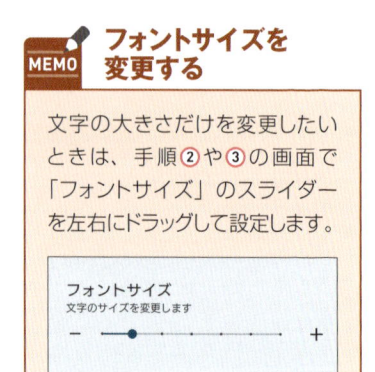

7

片手で操作しやすくする

Application

Xperia 10 VIには「片手モード」という機能があります。ホームボタンをダブルタップすると、片手で操作しやすいように画面の表示が下方向にスライドされ、指が届きやすくなります。

片手モードで表示する

1 P.18を参考に、「設定」アプリを起動し、[画面設定] → [片手モード] の順にタップします。

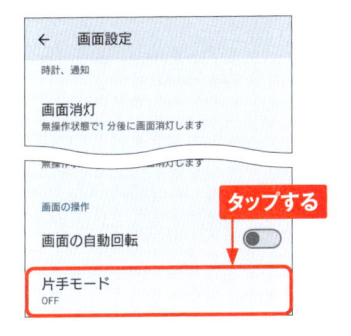

タップする

2 [片手モードの使用] をタップして ⬤ にします。

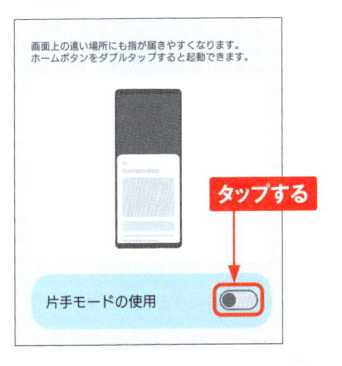

タップする

3 ホームボタンをダブルタップすると片手モードになります。

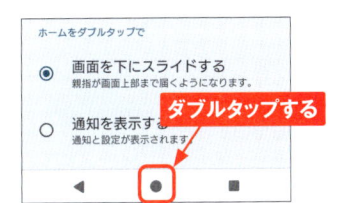

ダブルタップする

4 画面が下方向にスライドされ、指が届きやすくなります。

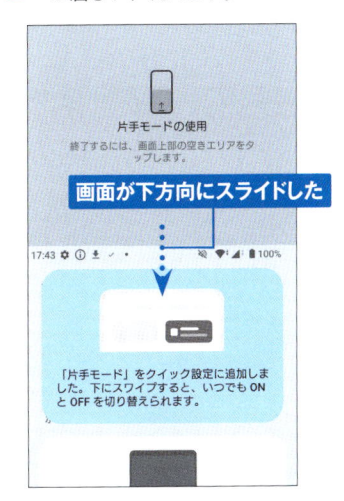

画面が下方向にスライドした

7

サイドセンスで操作を
快適にする

Application

Xperia 10 VIには、「サイドセンス」という機能があります。画面中央右端のサイドセンスバーをダブルタップしてメニューを表示したり、スライドしてバック操作を行ったりすることが可能です。

サイドセンスを利用する

(1) ホーム画面などで端にあるサイドセンスバーをダブルタップします。初回は［OK］をタップします。

ダブルタップする

(2) サイドセンスメニューが表示されます。上下にドラッグして位置を調節し、起動したいアプリ（ここでは［設定］）をタップします。

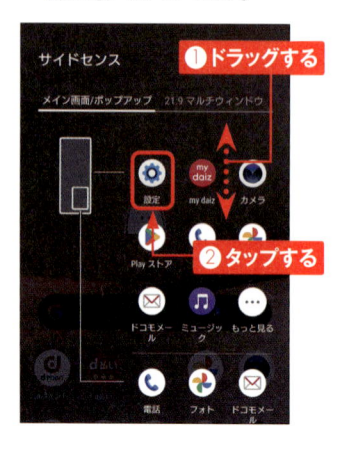

❶ドラッグする
❷タップする

(3) タップしたアプリが起動します。

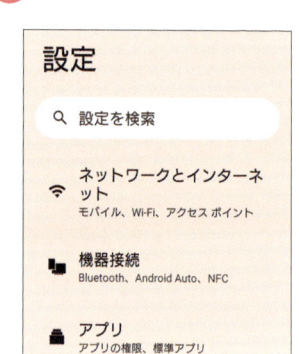

設定

🔍 設定を検索

📶 **ネットワークとインターネット**
モバイル、Wi-Fi、アクセス ポイント

🔧 **機器接続**
Bluetooth、Android Auto、NFC

📱 **アプリ**
アプリの権限、標準アプリ

MEMO サイドセンスの そのほかの機能

手順❷の画面に表示されるサイドセンスメニューには、使用状況から予測されたアプリが自動的に一覧表示されます。そのほか、サイドセンスバーを下方向にスライドするとバック操作（直前の画面に戻る操作）になり、上方向にスライドすると、マルチウィンドウメニューが表示されます。

サイドセンスバーの設定を変更する

① P.172の手順②の画面で ⚙ を
タップします。

タップする

サイドセンス ⚙

メイン画面/ポップアップ　21:9 マルチウィンドウ

設定　カメラ　フォト

Play ストア　my daiz　ドコモメール

+メッセージ　電話　もっと見る

フォト　ドコモメール　電話

③ ［ジェスチャー操作感度］をタップ
します。

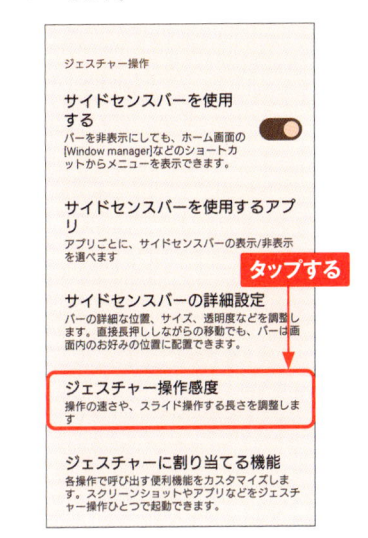

ジェスチャー操作

**サイドセンスバーを使用
する**
バーを非表示にしても、ホーム画面の
[Window manager]などのショートカ
ットからメニューを表示できます。

**サイドセンスバーを使用するアプ
リ**
アプリごとに、サイドセンスバーの表示/非表示
を選べます

タップする

サイドセンスバーの詳細設定
バーの詳細な位置、サイズ、透明度などを調整し
ます。直接長押ししながらの移動でも、バーは画
面内のお好みの位置に配置できます。

ジェスチャー操作感度
操作の速さや、スライド操作する長さを調整しま
す

ジェスチャーに割り当てる機能
各操作で呼び出す便利機能をカスタマイズしま
す。スクリーンショットやアプリなどをジェスチ
ャー操作ひとつで起動できます。

② サイドセンスの設定画面が表示さ
れます。画面をスクロールします。

サイドセンス

10:35

スクロールする

画面端のサイドセンスバーに対して以下の
ジェスチャー操作を行うと、いつでもワン
アクションでメニューや便利機能を呼び出
せます。
・ダブルタップ: サイドセンスメニューを
開く
・上スライド: マルチウィンドウメニュー
を開く
・下スライド: 前の画面に戻る (バック操
作)

サイドセンスメニューでは、アプリを素早
く起動したり、他のアプリの上にもう一つ
のアプリを小さくポップアップ起動したり

④ ジェスチャー操作の感度を変更で
きます。

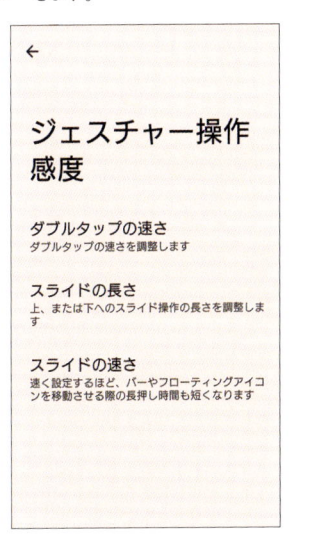

←

ジェスチャー操作
感度

ダブルタップの速さ
ダブルタップの速さを調整します

スライドの長さ
上、または下へのスライド操作の長さを調整しま
す

スライドの速さ
速く設定するほど、バーやフローティングアイコ
ンを移動させる際の長押し時間も短くなります

7

スクリーンショットを撮る

OS・Hardware

Xperia 10 VIでは、表示中の画面をかんたんに撮影（スクリーンショット）できます。撮影できないものもありますが、重要な情報が表示されている画面は、スクリーンショットで残しておくと便利です。

🔲 本体キーでスクリーンショットを撮影する

① 撮影したい画面を表示して、電源キーと音量キーの下側を同時に押します。

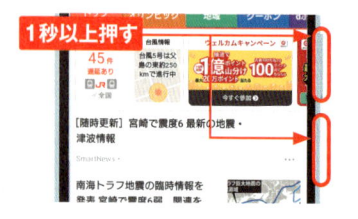

1秒以上押す

② 画面が撮影され、左下にサムネイルとメニューが表示されます。

③ P.142を参考に「フォト」アプリを起動し、［コレクション］→［Screenshots］の順にタップし、撮影したスクリーンショットをタップすると、撮影した画面が表示されます。

タップする

MEMO その他の方法

履歴キーをタップして表示される画面（P.19手順③参照）の左下にある［スクリーンショット］をタップしても同様の操作ができます。

MEMO スクリーンショットの保存場所

撮影したスクリーンショットは、内部共有ストレージの「Pictures」フォルダ内の「Screenshots」フォルダに保存されます。

7

壁紙を変更する

Application

ホーム画面やロック画面では、撮影した写真などXperia 10 VI内に保存されている画像を壁紙に設定することができます。「フォト」アプリでクラウドに保存された写真を選択することも可能です。

撮影した写真を壁紙に設定する

1 P.18を参考に「設定」アプリを起動し［壁紙］→［壁紙とスタイル］の順にタップします。

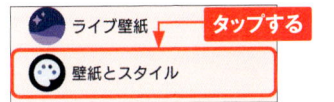

2 ［壁紙の変更］をタップします。

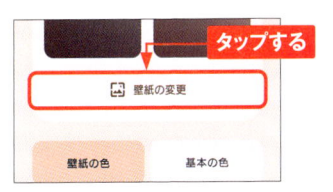

3 ［マイフォト］をタップします。初回はアクセス許可が求められるので［許可］をタップします。フォルダを選択し、壁紙にしたい写真をタップして選択します。

4 ✓をタップします。

5 「壁紙の設定」画面が表示されるので、変更したい画面（ここでは［ホーム画面とロック画面］）をタップします。

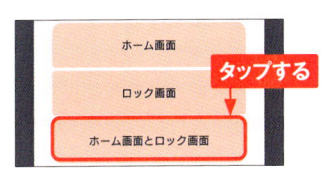

6 ホーム画面に戻ると、手順④で選択した写真が壁紙として表示されます。

7

Application

アラームをセットする

Xperia 10 VIにはアラーム機能が搭載されています。指定した時刻になるとアラーム音やバイブレーションで教えてくれるので、目覚ましや予定が始まる前のリマインダーなどに利用できます。

■ アラームで設定した時間に通知する

① アプリ一覧画面で［ツール］→［時計］をタップします。

タップする

② ［アラーム］をタップして、●をタップします。

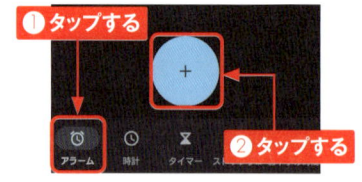

❶タップする
❷タップする

③ 時刻を設定して、［OK］をタップします。

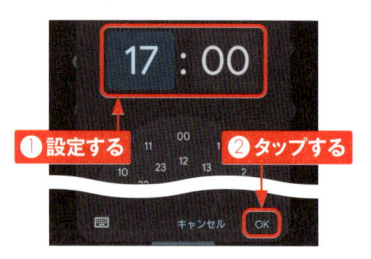

❶設定する
❷タップする

④ アラーム音などの詳細を設定する場合は、各項目をタップして設定します。

設定する

⑤ 指定した時刻になると、アラーム音やバイブレーションで通知されます。［ストップ］をタップすると、アラームが停止します。

タップする

いたわり充電を設定する

Application

「いたわり充電」とは、Xperia 10 VIが充電の習慣を学習して電池の状態をより良い状態で保ち、電池の寿命を延ばすための機能です。設定しておくとXperia 10 VIを長く使うことができます。

いたわり充電を設定する

① P.18を参考に［設定］アプリを起動し、［バッテリー］→［いたわり充電］の順にタップします。

バッテリー

100 %

充電が完了しました

タップする

いたわり充電
電池の寿命を延ばすため、満充電に近い状態の時間を短くします

② 「いたわり充電」画面が表示されます。画面上部の［いたわり充電の使用］をタップします。

← いたわり充電

いたわり充電の使用

タップする

22:00

③ いたわり充電機能がオンになります。

いたわり充電の使用

自動
充電器に長時間接続しているパターンを学習して、自動的にいたわり充電を計画します

④ ［手動］をタップすると、いたわり充電の開始時刻と満充電目標時刻を設定できます。

❶設定する

22:00

❷タップする

キャンセル　OK

7

おサイフケータイを設定する

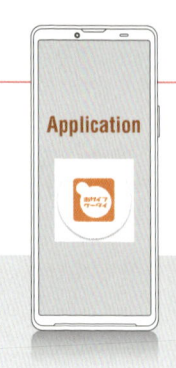

Application

Xperia 10 VIはおサイフケータイ機能を搭載しています。2023年7月現在、電子マネーの楽天Edyをはじめ、さまざまなサービスに対応しています。

おサイフケータイの初期設定を行う

1 アプリ一覧画面で［ツール］→［おサイフケータイ］をタップします。

タップする

2 初回起動時はアプリの案内や利用規約の同意画面が表示されるので、画面の指示に従って操作します。

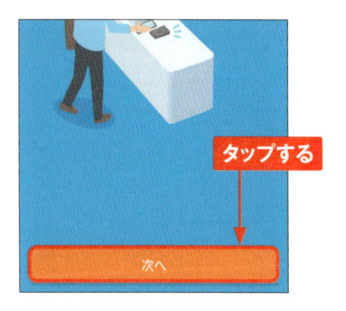

タップする

3 「初期設定」画面が表示されます。初期設定が完了したら［次へ］をタップし、画面の指示に従ってGoogleアカウント連携などの操作を行います。

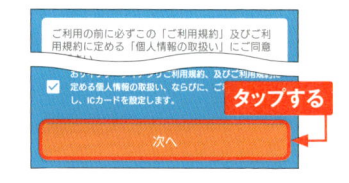

タップする

4 サービスの一覧が表示されます。説明が表示されたら画面をタップします。ここでは、［楽天Edy］をタップします。

タップする

7

(5) 「おすすめ詳細」画面が表示されるので、[サイトへ接続] をタップします。

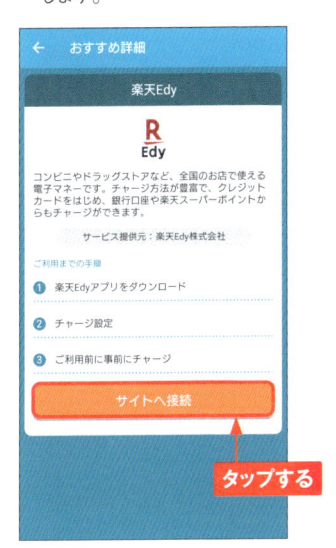

(6) Google Playが表示されます。「楽天Edy」アプリをインストールする必要があるので、[インストール] をタップします。

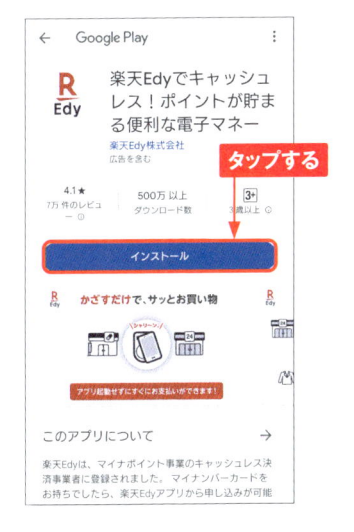

(7) インストールが完了したら、[開く] をタップします。

(8) 「楽天Edy」アプリの初期設定画面が表示されます。規約に同意して [次へ] をタップし、画面の指示に従って初期設定を行います。

7

Application

Wi-Fiを設定する

自宅のアクセスポイントや公衆無線LANなどのWi-Fiネットワークが
あれば、モバイル回線を使わなくてもインターネットに接続できます。
Wi-Fiを利用することで、より快適にインターネットが楽しめます。

Wi-Fiに接続する

① P.18を参考に「設定」アプリを
起動し、[ネットワークとインターネット] → [インターネット] の順にタップします。

ネットワークと
インターネット

▲ インターネット
docomo

タップする

📞 通話と SMS
docomo

🖥 SIM
docomo

タップする

② 「Wi-Fi」が ⬤ の場合は、タップ
して ⬤ にします。

インターネット

▲ docomo
接続済み / 5G

⚙

Wi-Fi ⬤

ネットワーク設定
Wi-Fi は自動的に ON になります

保存済みネットワーク
1 件のネットワーク

タップする

モバイルデータ以外の通信量

③ 接続先のWi-Fiネットワークをタッ
プします。

▼ DESKTOP-ASUSAOK
8755 🔒

▼ ISC2113 🔒

▼ OPPO Reno 9 🔒

タップする

▽ Buffalo-F720

▽ Wi2premium

▽ Buffalo-G-BF30 🔒

④ パスワードを入力し、[接続] をタッ
プすると、Wi-Fiネットワークに接
続できます。

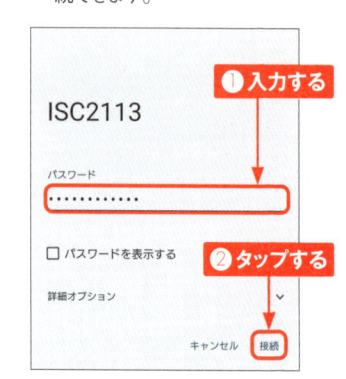

❶入力する

ISC2113

パスワード
・・・・・・・・・・・

☐ パスワードを表示する

❷ タップする

詳細オプション ∨

キャンセル 接続

Wi-Fiネットワークを追加する

(1) Wi-Fiネットワークに手動で接続する場合は、P.180手順③の画面を上方向にスクロールし、画面下部にある［ネットワークを追加］をタップします。

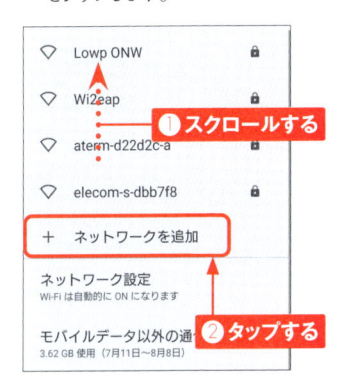

(2) 「ネットワーク名」にSSIDを入力し、「セキュリティ」の項目をタップします。

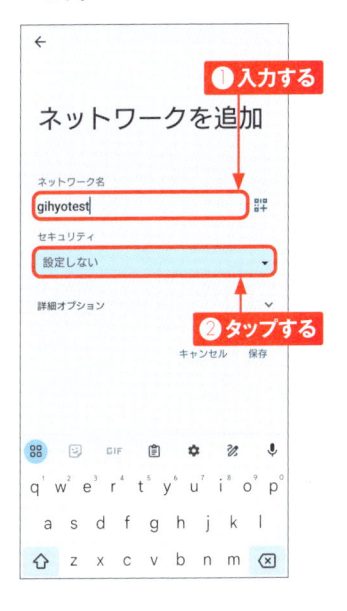

(3) 適切なセキュリティの種類をタップして選択します。

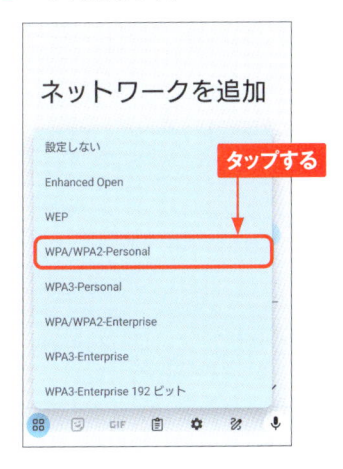

(4) パスワードを入力して［保存］をタップすると、Wi-Fiネットワークに接続できます。

7

Wi-Fiテザリングを利用する

Application

「Wi-Fiテザリング」は、Xperia 10 VIを経由して、同時に最大10台までのパソコンやゲーム機などをインターネットに接続できる機能です。ドコモでは申し込み不要で利用できます。

Wi-Fiテザリングを設定する

1 P.18を参考に「設定」アプリを起動し、[ネットワークとインターネット] をタップします。

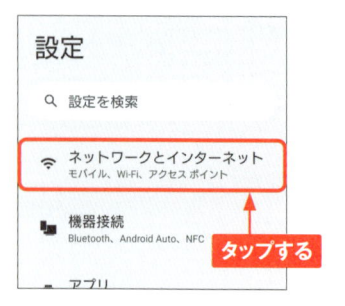

設定

🔍 設定を検索

📶 ネットワークとインターネット
モバイル、Wi-Fi、アクセス ポイント

タップする

🔲 機器接続
Bluetooth、Android Auto、NFC

アプリ

2 [テザリング] をタップします。

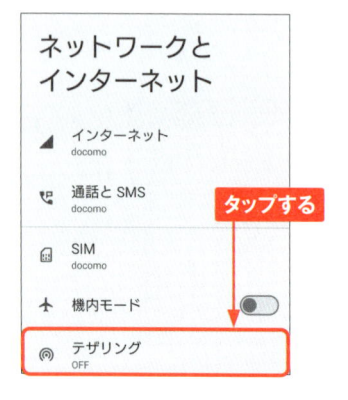

ネットワークと
インターネット

🔺 インターネット
docomo

📞 通話と SMS
docomo

🔲 SIM
docomo

タップする

✈ 機内モード

📡 テザリング
OFF

3 [Wi-Fiテザリング] をタップします。

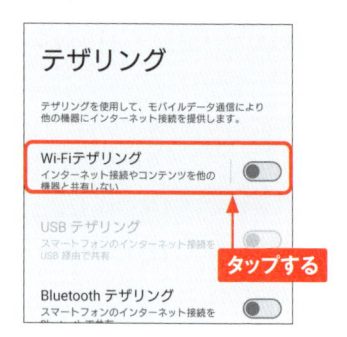

テザリング

テザリングを使用して、モバイルデータ通信により他の機器にインターネット接続を提供します。

Wi-Fiテザリング
インターネット接続やコンテンツを他の機器と共有しない

USB テザリング
スマートフォンのインターネット接続をUSB 経由で共有

タップする

Bluetooth テザリング
スマートフォンのインターネット接続を

4 [アクセスポイント名] (SSID) と[Wi-Fiテザリングのパスワード] をそれぞれタップして入力します。

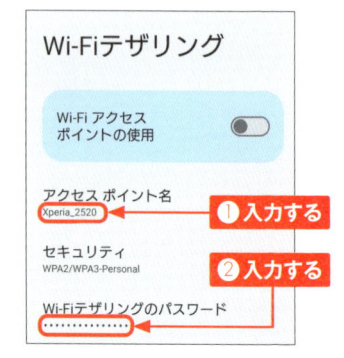

Wi-Fiテザリング

Wi-Fi アクセス
ポイントの使用

アクセス ポイント名
Xperia_2520　**❶入力する**

セキュリティ
WPA2/WPA3-Personal　**❷入力する**

Wi-Fiテザリングのパスワード
••••••••••••••

(5) ［Wi-Fiアクセスポイントの使用］
をタップします。

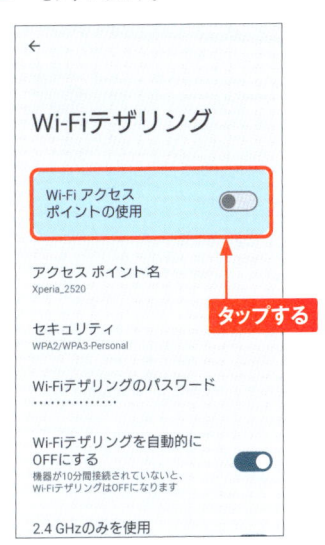

タップする

(6) ● が ● に切り替わり、Wi-Fiテ
ザリングがオンになります。ステー
タスバーに、Wi-Fiテザリング中
を示すアイコンが表示されます。

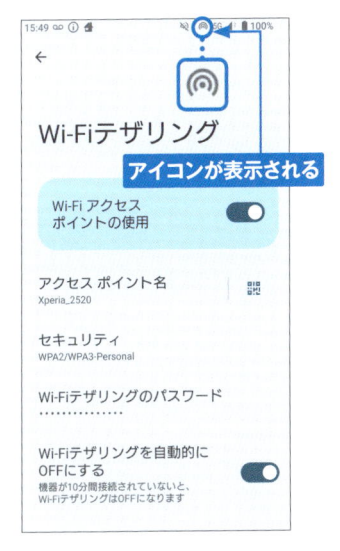

アイコンが表示される

(7) Wi-Fiテザリング中は、ほかの機
器 からXperia 10 VIのSSIDが
見えます。SSIDをタップし、［接
続］をタップしてP.182手順④で
設定したパスワードを入力して接
続すれば、Xperia 10 VI経由で
インターネットに接続することがで
きます。

❶入力する

❷タップする

Wi-Fiテザリングを
オフにするには

MEMO

Wi-Fiテザリングを利用中、ス
テータスバーを2本指で下方向
にドラッグし、［テザリング ON］
をタップすると、Wi-Fiテザリン
グがオフになります。

タップする

Bluetooth機器を利用する

Application

Xperia 10 VIはBluetoothとNFCに対応しています。ヘッドセットやスピーカーなどのBluetoothやNFCに対応している機器と接続すると、Xperia 10 VIを便利に活用できます。

Bluetooth機器とペアリングする

① あらかじめ接続したいBluetooth機器をペアリングモードにしておきます。続いて、P.18を参考に「設定」アプリを起動して[機器接続]をタップします。

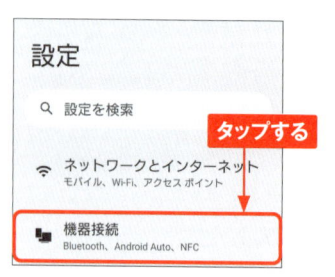
設定

Q 設定を検索

タップする

ネットワークとインターネット
モバイル、Wi-Fi、アクセス ポイント

機器接続
Bluetooth、Android Auto、NFC

② [新しい機器とペア設定する]をタップします。Bluetoothがオフの場合は、自動的にオンになります。

機器接続

＋ 新しい機器とペア設定する
ペア設定できるよう Bluetooth が ON になります

保存済みのデバイス

＞ すべて表示
Bluetooth が ON になります

タップする

接続の詳細設定
Bluetooth、Android Auto、NFC

③ ペアリングする機器をタップします。

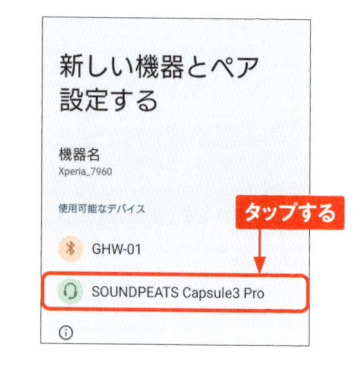
新しい機器とペア設定する

機器名
Xperia_7960

使用可能なデバイス

タップする

GHW-01

SOUNDPEATS Capsule3 Pro

④ [ペア設定する]をタップします。

機器名
Xperia_7960

[SOUNDPEATS Capsule3 Pro]とペア設定しますか？

□ 自分の連絡先や通話履歴へのアクセスを許可する

キャンセル　ペア設定する

スマートフォンの Bluetooth アドレス：
3C:36:F4:E7:65:CA

タップする

5 機器との接続が完了します。⚙ をタップします。

機器接続

メディア デバイス

SOUNDPEATS
Capsule3 Pro
有効、電池 100%
接続中は次の用途で利用
可能です：電話、メディアの音声 ⚙

タップする

＋ 新しい機器とペア設定する

保存済みのデバイス

＞ すべて表示

接続の詳細設定
Bluetooth、Android Auto、NFC

ⓘ

他のデバイスには「Xperia_7960」として表示されます

6 利用可能な機能を確認できます。 なお、［接続を解除］をタップす ると、ペアリングを解除できます。

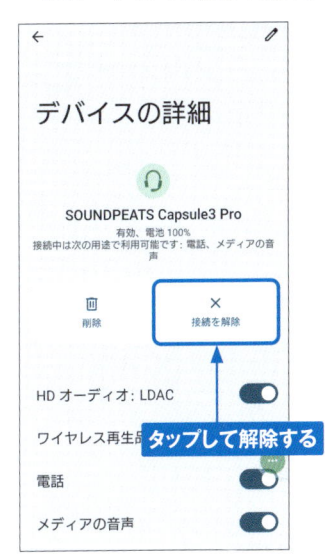

←　　　　　　　　　　　　　✏

デバイスの詳細

🎧

SOUNDPEATS Capsule3 Pro
有効、電池 100%
接続中は次の用途で利用可能です：電話、メディアの音声

🗑　　　　　　　✕
削除　　　　　　接続を解除

HD オーディオ：LDAC　⚫

ワイヤレス再生　タップして解除する

電話　⚫

メディアの音声　⚫

7

 MEMO

NFC対応のBluetooth機器の利用方法

Xperia 10 VIIに搭載されているNFC（近距離無線通信）機能を利用すれば、NFC対応のBluetooth機器とのペアリングや接続がかんたんに行えます。NFCをオンにするには、P.184手順②の画面で［接続の詳細設定］→［NFC/おサイフケータイ］をタップし、「NFC/おサイフケータイ」がオフになっている場合はタップしてオンにします。Xperia 10 VIの背面のNFCマークを対応機器のNFCマークにタッチすると、ペアリングの確認通知が表示されるので、［はい］→［ペアに設定して接続］→［ペア設定する］の順にタップすれば完了です。あとは、NFC対応機器にタッチするだけで、接続／切断を自動で行ってくれます。

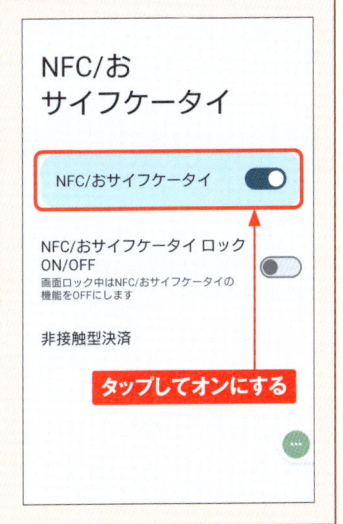

NFC/お
サイフケータイ

NFC/おサイフケータイ　⚫

NFC/おサイフケータイ ロック
ON/OFF
画面ロック中はNFC/おサイフケータイの
機能をOFFにします

非接触型決済

タップしてオンにする

STAMINAモードで
バッテリーを長持ちさせる

Application

「STAMINAモード」を使用すると、特定のアプリの通信やスリープ
時の動作を制限して節電します。バッテリーの残量に応じて自動的に
STAMINAモードにすることも可能です。

STAMINAモードを自動的に有効にする

① P.18を参考に「設定」アプリを起
動し、[バッテリー] → [STAMINA
モード] の順にタップします。

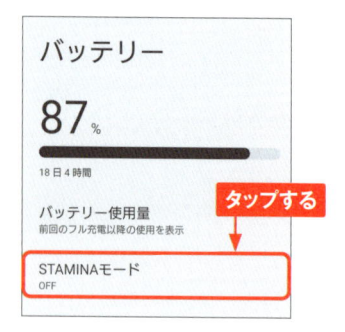

③ 画面が暗くなり、STAMINAモー
ドが有効になったら、[スケジュー
ルの設定] をタップします。

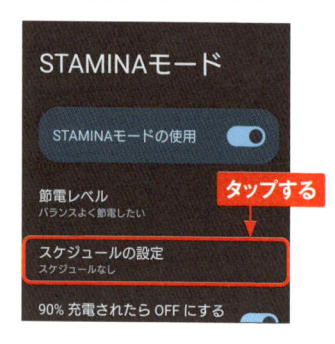

② 「STAMINAモード」画面が表示
されたら、[STAMINAモードの使
用] をタップして、[ONにする]
をタップします。

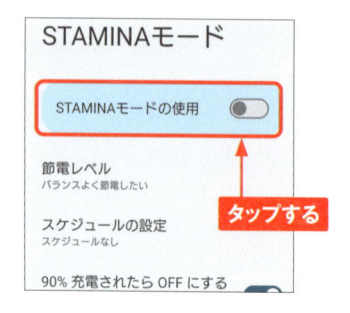

④ [残量に応じて自動でON] をタッ
プし、スライダーを左右にドラッグ
すると、STAMINAモードが有効
になるバッテリーの残量を変更で
きます。

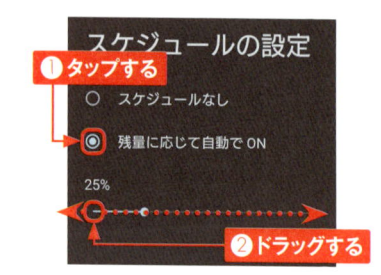

7

本体ソフトウェアを
アップデートする

Application

本体のソフトウェアはアップデートが提供される場合があります。ソフトウェアアップデートを行う際は、万が一に備えて、バックアップやパスワードの確認を行っておきましょう。

ソフトウェアアップデートを確認する

1 P.18を参考に「設定」アプリを起動し、[システム] をタップします。

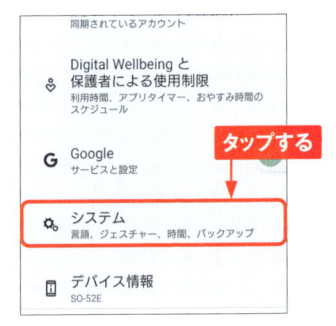

同期されているアカウント

Digital Wellbeing と
保護者による使用制限
利用時間、アプリタイマー、おやすみ時間の
スケジュール

G Google
サービスと設定

タップする

🔧 システム
言語、ジェスチャー、時間、バックアップ

📱 デバイス情報
SO-52E

2 [システムアップデート] をタップします。

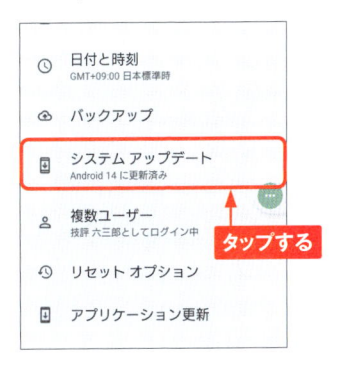

🕐 日付と時刻
GMT+09:00 日本標準時

☁ バックアップ

📱 システム アップデート
Android 14 に更新済み

👥 複数ユーザー
技評 六三郎としてログイン中

タップする

🔄 リセット オプション

📱 アプリケーション更新

3 [アップデートをチェック] をタップすると、アップデートがあるかどうかを確認できます。アップデートがある場合は、[再開] をタップするとダウンロードとインストールが行われます。

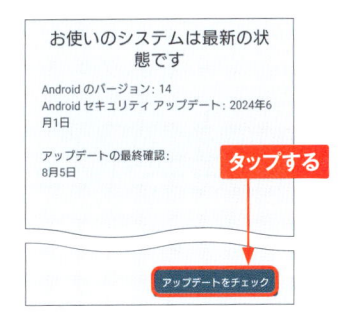

お使いのシステムは最新の状
態です

Android のバージョン: 14
Android セキュリティ アップデート: 2024年6
月1日

アップデートの最終確認:
8月5日

タップする

アップデートをチェック

MEMO **ソニー製アプリの更新**

一部のソニー製アプリは、Google Playでは更新できない場合があります。手順②の画面で[アプリケーション更新]をタップすると更新可能なアプリが表示されるので、[インストール] → [OK]の順にタップして更新します。

7

OS・Hardware

本体を再起動する

Xperia 10 VIの動作が不安定な場合は、再起動すると改善することがあります。何か動作がおかしいと感じた場合、まずは再起動を試してみましょう。

■ 本体を再起動する

① 電源キーと音量キーの上を同時に押します。

押す

② [再起動]をタップします。電源がオフになり、しばらくして自動的に電源が入ります。

タップする

MEMO **強制再起動とは**

画面の操作やボタン操作が一切不可能で再起動が行えない場合は、強制的に再起動することができます。電源キーと音量キーの上を同時に押したままにし、Xperia 10 VIが振動したら指を離すことで強制再起動が始まります。この方法は、手順②の画面の右下に表示される[強制再起動ガイド]をタップすると表示されます。

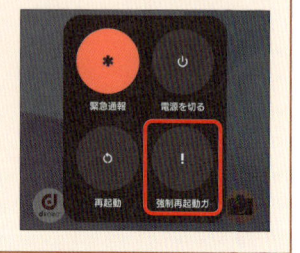

本体を初期化する

Application

再起動を行っても動作が不安定なときは、初期化すると改善する場合があります。なお、重要なデータは事前にバックアップを行っておきましょう。

本体を初期化する

1 P.18を参考に「設定」アプリを起動し、[システム] → [リセットオプション] の順にタップします。

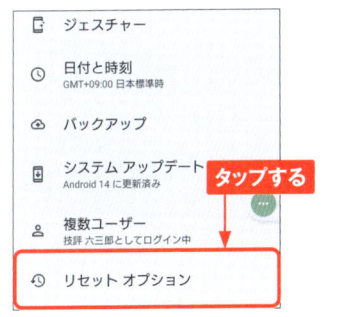

- ジェスチャー
- 日付と時刻
  GMT+09:00 日本標準時
- バックアップ
- システム アップデート　**タップする**
  Android 14 に更新済み
- 複数ユーザー
  技評 六三郎 としてログイン中
- リセット オプション

2 [すべてのデータを消去（初期設定にリセット）] をタップします。

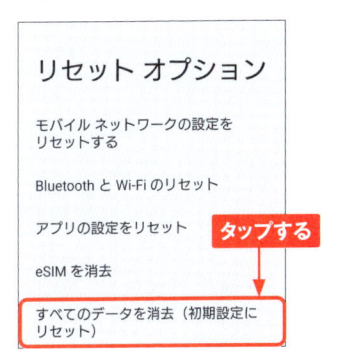

リセット オプション

モバイル ネットワークの設定をリセットする

Bluetooth と Wi-Fi のリセット

アプリの設定をリセット　**タップする**

eSIM を消去

すべてのデータを消去（初期設定にリセット）

3 メッセージを確認して、[すべてのデータを消去] をタップします。

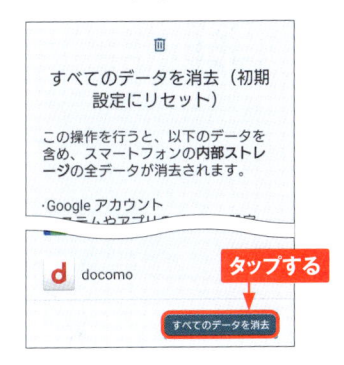

すべてのデータを消去（初期設定にリセット）

この操作を行うと、以下のデータを含め、スマートフォンの内部ストレージの全データが消去されます。

・Google アカウント

d docomo　**タップする**

すべてのデータを消去

4 ロックがかかっている場合は解除し、もう一度 [すべてのデータを消去] をタップすると、初期化されます。

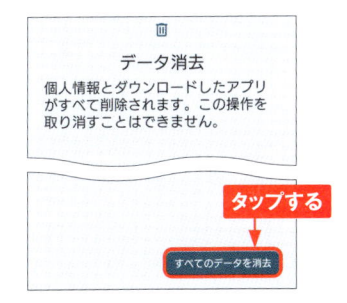

データ消去

個人情報とダウンロードしたアプリがすべて削除されます。この操作を取り消すことはできません。

タップする

すべてのデータを消去

索引

お問い合わせについて

本書に関するご質問については、本書に記載されている内容に関するもののみとさせていただきます。本書の内容と関係のないご質問につきましては、一切お答えできませんので、あらかじめご了承ください。また、電話でのご質問は受け付けておりませんので、必ずFAX か書面にて下記までお送りください。
なお、ご質問の際には、必ず以下の項目を明記していただきますようお願いいたします。

1　お名前
2　返信先の住所または FAX 番号
3　書名
　　（ゼロからはじめる　Xperia 10 VI SO-52E スマートガイド［ドコモ完全対応版］）
4　本書の該当ページ
5　ご使用のソフトウェアのバージョン
6　ご質問内容

なお、お送りいただいたご質問には、できる限り迅速にお答えできるよう努力いたしておりますが、場合によってはお答えするまでに時間がかかることがあります。また、回答の期日をご指定なさっても、ご希望にお応えできるとは限りません。あらかじめご了承くださいますよう、お願いいたします。ご質問の際に記載いただきました個人情報は、回答後速やかに破棄させていただきます。

お問い合わせ先

〒 162-0846
東京都新宿区市谷左内町 21-13
株式会社技術評論社　書籍編集部
「ゼロからはじめる　Xperia 10 VI SO-52E スマートガイド［ドコモ完全対応版］」質問係
FAX 番号　03-3513-6167
URL：https://book.gihyo.jp/116/

■ お問い合わせの例

FAX

1　お名前
　　技術　太郎
2　返信先の住所または FAX 番号
　　03-XXXX-XXXX
3　書名
　　ゼロからはじめる
　　Xperia 10 VI SO-52E
　　スマートガイド
　　［ドコモ完全対応版］
4　本書の該当ページ
　　40ページ
5　ご使用のソフトウェアのバージョン
　　Android 14
6　ご質問内容
　　手順3の画面が表示されない

ゼロからはじめる Xperia 10 VI SO-52E スマートガイド [ドコモ完全対応版]

2024 年 10 月 30 日　初版　第 1 刷発行

著者 ……………………… 技術評論社編集部
発行者 …………………… 片岡　巌
発行所 …………………… 株式会社　技術評論社
　　　　　　　　　　　　　東京都新宿区市谷左内町 21-13
電話 ……………………… 03-3513-6150　販売促進部
　　　　　　　　　　　　　03-3513-6160　書籍編集部
装丁 ……………………… 菊池　祐（ライラック）
本文デザイン …………… リンクアップ
DTP ……………………… BUCH⁺
編集 ……………………… 春原　正彦
製本／印刷 ……………… 昭和情報プロセス株式会社

定価はカバーに表示してあります。

ISBN978-4-297-14453-1　C3055

Printed in Japan